원예치료의 이론과 실제

원예치료의 이론과 실제

한경희

nosvos

머리말

무미건조한 현대인들의 일상에서 식물은 스트레스 해소에 큰 역할을 한다. 특히 생활공간 가까이에 녹색식물을 두는 것만으로도 스트레스 경감에 큰 도움이 된다. 이와 관련해 교도소 수감자들을 대상으로 실시한 흥미로운 실험이 있다. 미국의 한 보고서에 의하면, 교도소에서 내부 공간만 보이는 곳에 수감된 사람들과 농장이 보이는 곳에 수감된 사람들을 비교 실험해본 결과 농장이 보이는 곳에 수감된 사람들의 교도 속도가 훨씬 빨랐다고 한다. 또한 수감자들에게 식물을 마주보게 하면 스트레스 수치가 상당 정도 줄어들었다고 한다.

우리나라 조선시대에도 이와 유사한 기록이 남아 있다. 세종대왕은 죄수에게까지 온정을 베풀었는데, 이때 식물을 활용했다고 한다. 즉, 세종대왕은 죄수들의 교도를 위해 옥사 주위에 다섯줄로 나무를 심어 녹음을 조성하는 등 옥사 환경에도 신경을 썼다고 한다.

우리가 사는 녹색 행성인 지구는 무한한 치유력을 가지고 있는데, 그 치유력의 원천이 바로 식물이다. 지구상에 식물이 존재하지 않는다면 인간은 생존조차 불가능할 것이다. 뿐만 아니라 식물은 힘겨운 현실을 살아가는 많은 사람들에게 따뜻한 위안과 희망, 감상의 즐거움과 생명의 신비를 일깨워준다.

한편으로, 원예활동은 식물의 성장을 통해 인간 자신의 성장을 도모하는 학습활동이다. 우리는 꽃이나 관상용 식물을 가꾸거나 뿌리채소, 허브, 과실수 등을 손수 재배해보면서 다양한 경험을 하게 되고, 그 과정에서 자신과 타인의 정서적 및 실용적인 만족을 만끽할 수 있다.

이 책 『원예치료의 이론과 실제』는 원예치료의 이론과 실제를 아우르는 개론서 혹은 입문서이다. 원예치료를 이해하고 실제 현장에서 적용하는 데 지침서가 되었으면 하는 바람으로, 원예치료가 포함하고 있는 인문 · 사회과학의 포괄적 의미와 그것의 핵심인 인간, 식물 그리고 환경과의 유기적 관계에 대해 다루었다.

이 책은 총 2부 7장으로 나누어 기술하였다. 1부에서는 원예치료를 공부하려면 반드시 이해해야 하는 인간, 식물, 환경의 관계와 원예치료의 역사 등 이론적 기반, 치료적 요인, 요소, 효과 그리고 운영 방법 등을 1장에서 5장에 걸쳐 다루었다.

2부의 6장 '원예치료의 실제'에서는 대상별 원예치료 프로그램을 어떻게 설계해야 하는지에 대해 아동, 청소년, 성인, 노인 등 연령대별로 세분하여 상세히 다루었다. 또한 치료정원 설계를 위한 구체적 사례를 들어 현장에 적절히 적용할 수 있게 하였다. 7장 '원예치료 프로그램의 실제'에서는 원예치료 활동을 기르기(재배), 꾸미기(장식 및 이용), 느끼기(감상)로 구성하였다. 특히 활동 내용(방법과 과정)의 이해도를 높이기 위해 현장감 있는 풍부한 사진 자료를 수록하여 실제 현장에서 쉽게 적용 또는 응용할 수 있게 하였다.

책을 쓰면서 원예치료가 나아가야 할 방향에 대해 깊이 있게 생각하는 의미 있는 소중한 시간을 가질 수 있었다. 이 책의 내용 중에 잘못되거나 부족한 부분은 지속적으로 수정하고 보완해나갈 것을 약속드리며, 아울러 이 책이 원예치료를 공부하는 많은 분들에게 도움이 되길 바란다.

이 책에서 인용한 모든 자료를 제공해준 원저자들 그리고 책이 나오기까지 도와주신 많은 분들께 머리 숙여 진심으로 감사의 마음을 전한다.

2015년 8월

안서호를 바라보며 한경희

차례

제1부 원예치료의 이해

제2부 원예치료의 실제

제1부

원예치료의 이해

제1장
인간 · 식물 · 환경

식물과 자연을 통해 얻는 즐거움은 현대 기계문명에서 얻는 즐거움과는 달리 매우 건강하고 중독성이 없으며 인간의 내면을 치유해준다는 특성이 있다. 문화와 문명이 발달할수록 식물과 자연은 인류의 고향과 같은 존재로 인식되며 인간 정서의 근원적인 배경이 되어준다. 또한 식물은 인류의 의식주를 풍요롭게 해줄 뿐만 아니라 모든 생물이 생존하는 데 바탕이 된다. 그 외에도 식물은 우리가 인식하지 못하는 다양한 역할을 제공해준다.

그러나 산업혁명 이후 기계화 시대에 진입하면서 식물과 자연의 역할이 경시되어 왔고, 그 결과 무분별한 환경오염과 자연 파괴로 지구에서 인류의 생존이 위협받는 심각한 상황에까지 이르게 되었다. 이러한 분위기 속에서 최근 다시 식물과 자연의 가치가 주목받고 있다. 특히 매일 공해, 소음, 교통체증 등에 시달리는 도시 생활자들은 자연을 자신의 생활공간 속으로 끌어들이고자 하는 욕구와 자연주의적 삶에 대한 동경을 강하게 느끼고 있다. 엄청나게 빠른 속도로 진행된 경제 발전의 반작용으로 인해 자연으로 회귀하고자 하는 욕구 또한 점점 강렬해지고 있는 것이다.

식물은 인류의 역사와 더불어 인간의 삶에 경제적, 사회적, 역사적으로 끊임없이 영향을 미쳐왔고, 급변하는 지구환경과 더불어 앞으로도 인간과 식물 그리고 환경과의 유기적 관계에 대한 관심은 더욱 커질 것이다. 따라서 이 장에서는 가장 먼저 다양한 식물과 인간, 그리고 이들을 둘러싸고 있는 환경과의 유기적 관계에 대해서 알아보고자 한다.

1. 먹거리 제공 기능

(1) 식물과 인간

인간은 자연에서 태어나 마지막에 다시 자연으로 돌아가는 운명으로, 인류는 태초부터 식물과 물질적 · 정신적으로 질긴 유대 관계를 맺고 살아왔다. 따라서 우리 모두는 본능적으로 자연을 친근하게 느끼고 그 속에서 살고자 하는 욕구를 강하게 느낀다. 그중에서도 특히 인간과 밀접한 관계를 맺어왔고 인류의 역사에 지대한 영향을 미친 몇몇 식물들을 살펴보자.

먼저 후추(piper nigrum)가 있다. 1400년대 후반 '지리상 발견의 시대'라고 부르는 대항해 시대를 맞아 수세기 동안 유럽 강대국의 탐험가들은 새로운 대륙과 후추를 찾아 항해를 시작했다. 그 과정에서 아메리카 대륙을 발견하기도 하고 수많은 식품과 기호품을 발견해 거래하기도 했다. 그중 향신료 시장에서 가장 값비싸게 취급된 식품이 바로 후추였다. 고기와 채소를 보존하는 데 반드시 필요한 소금처럼, 후추는 중세시대 요리에서 매우 중요한 역할을 했기 때문에 다른 향신료보다 열 배나 비싼 가격에 팔렸다.

후추

둘째, 육두구(myristica fragrans)가 있다. 육두구는 열대 지역인 몰루카 제도(moluccas)가 원산지인 향신료로, '생명을 잇기 위한 음식이자 약'으로 불릴 정도로 약효가 뛰어나 약 대용으로 취급되었다. 육두구는 불면증과 설사, 소화불량 해소에 탁월한 효능이 있다. 특히 육두구와 씨의 껍질에 들어 있는 정유(精油)는 류머티즘으로 인한 통증을 덜어주고 이질과 전염병 예방에도 도움이 된다.

셋째, 감자(solanum tuberosum)가 있다. 감자는 인류의 대표적인 구황작물이다. 1840년대에 아일랜드에 감자 잎마름병이 퍼져 감자 농사가 흉작이 되자 기근과 장티푸스가 발생하면서 약 250만 명의 인구 중 절반이 굶어죽고 절반은 생존을 위해 미국 등으로 이민을 떠나는 상황까지 벌어졌다. 이처럼 감자는 인류의 정치, 경제, 문화에 막강한 영향을 미쳤다.

넷째, 차나무(camellia sinensis) 잎으로 만든 차가 있다. 차는 인도와 중국 등지서 생육되는 키 작은 야생 나뭇잎으로 만드는데, 그 역사가 무려 약 4,500년이 넘는다. 1773년 12월, 미국인들은 차를 실은 동인도회사의 배 세 척이 보스턴 항에 입항하자 차를 바다에 던져버렸는데 이것이 유명한 보스턴 차 사건(Boston Tea Party)이다. 이 사건을 계기로 1776년 7월 4일에 미국이 독립하였다.

마지막으로 양귀비(papaver somniferum)가 있다. 옛 그리스인들은 양귀비에서 추출한 아편의 약효와 진정 효과를 찬양했다. 1840년에 일어난 아편전쟁은 중국과 영국 간 무역수지에서 중국의 차가

육두구

감자

차나무

양귀비

수출을 초과하자 영국이 인도에서 아편을 재배해 중국에 몰래 팔기 시작한 것이 발단이 되었다. 이 사실을 안 중국 정부가 아편 사용을 금지시키자 영국은 아편을 팔기 위해 아편전쟁을 일으켰다. 당시 중국에서는 전체 성인의 4분의 1 이상이 아편을 복용해 국가적 위기에 빠졌다.

이상에서 살펴본 것처럼 식물은 인간의 삶과 매우 밀접한 관계를 맺으며 인류 역사에 지대한 영향을 미쳤다. 또한 이와 관련한 흥미로운 기록들이 많이 남아 있다.

식물은 꽃처럼 보고 즐기기 위한 수단으로 재배되어 정신적 즐거움을 주는 관상용 식물과 채소 · 과수처럼 식용으로 이용되는 식물로 나누어진다. 이 중 식용식물들은 사람의 체내에 직접 섭취됨으로써 불량한 환경과 인공식품 등으로 인해 만성적 노폐물이 쌓인 인간의 몸을 '자연으로 되돌리는' 활력소 역할을 한다. 생활 주변에서 텃밭이나 정원 또는 아파트 베란다 등을 활용하여 식용식물을 손수 재배해보면 건전한 성취감과 보람을 느낄 수 있고, 직접 재배한 작물에 대해 자부심까지도 느낄 수 있게 된다. 또한 손수 재배한 작물은 영리적으로 재배된 과일이나 채소와는 달리 수확 후 바로 먹을 수 있고, 일반적으로 무공해로 재배되기 때문에 영양가와 품질이 월등하다. 따라서 재배하는 기쁨과 먹는 재미, 영양가를 동시에 얻을 수 있다.

이러한 점 때문에 최근 다양한 종류의 식용 원예작물을 재배하기 위한 도시원예나 지역원예가 더욱 활성화되고 있다. 이러한 형태의 원예는 참여하는 사람들에게 운동 효과, 타인과의 친목도모, 기분 전환으로 인한 정신적 효과를 주고, 특히 2차 원예에 참여하는 아동과 노약자들에게 교육적 효과 및 사회적 효과를 준다.

(2) 식물과 영양

식물은 통상적으로 화훼, 채소 및 과수로 분류하고, 이외에 목재나 가로수 등으로 이용되는 수목도 있다. 보통 일부 식용 가능한 꽃 종류를 제외하고는 채소나 과일이 주로 식용으로 이용되며, 인간의 신체적 건강을 유지하는 역할을 한다. 즉, 관상이 주목적인 꽃은 인간의 정신적인 면에 많은 영향을 끼치고, 채소나 과수류는 주로 식용으로 이용되면서 인간의 육체적 건강에 이바지한다. 특히 채소나 과일은 육체 건강에 자연스러운 활력소로서 부작용 없이 작용하는 것으로 알려져 있다. 따라서 원예작물은 부자연스런 환경 · 식품에 노출된 인간의 몸을 보호하고 정화시켜 순환기 계통의 병이나 암 등을 예방하는 매우 중요한 역할을 한다.

반면 같은 식물 성분이라도 한약처럼 약재로 쓰이는 식물은 특정 질환을 치료하기 위해 가열하여 다려 먹기 때문에 신선한 채소와 과일 등에 들어 있는 비타민류나 항 활성산소 물질을 얻는 것은 기대하기 힘들다.

원예작물은 수확 후 시간이 경과하거나 가공이 가해질수록 자연성을 잃게 되고 활력소로서의 가치가 떨어진다. 따라서 신선한 원예작물을 식용하는 것은 자연 그 자체를 섭취하는 것과 동일한 것으로, 부자연스러운 신체를 자연에 근접시키는 효과가 있다. 특히 부자연스러운 인공식품을 점점 더 많이 섭취하게 되는 현대생활의 특성상 채소나 과일류의 자연식품을 섭취해야 할 이유가 점점 더 커지고 있다. 또한 일상생활에서 오염된 공기의 흡입, 흡연, 고농도 염분 섭취, 과다한 지방 섭취 등으로 인해 폐암, 간암, 장암, 유방암, 혈구암 등이 점점 더 증가하고 있는 상황에서, 신선한 채소와 과일을 충분히 섭취하면 이러한 심각한 질환에 걸릴 위험을 현저히 감소시킬 수 있다.

그 이유는 신선한 채소와 과일에 포함되어 있는 베타카로틴, 비타민 E와 C 등의 각종 비타민류가 신체 내에서 암 발생의 위험을 발생시키는 활성산소를 제거하는 데 탁월한 효과(항 활성산소)를 보이기 때문이다. 우리 인체는 광물질 원소, 특히 과민성을 감소시키고 중풍을 예방하게 하는 칼륨을 하루에 적어도 3,500mg 섭취해야 하는데, 이는 주로 채소나 과일에서 얻을 수 있다. 미국 농무성((USDA)은 개인이 하루에 섭취하는 채소와 과일을 통해 얻는 칼슘과 마그네슘 양이 필요량에 못 미치기 때문에 우유나 다른 식품으로 보충할 것을 권고하고, 미량원소는 필요량을 전적으로 채소와 과실에서 얻도록 권고하고 있다.

한국인 100명 중 7명만이 야채를 제대로 섭취하고 있다고 한다. 최근 한국보건산업진흥원 등의 조사 결과에 의하면 국민당 하루 평균 채소 섭취량은 252.2g, 과일은 141.3g이다. 여기서 김치 등의 염장 채소와 가당 주스 등을 빼면 하루 평균 채소 151.4g, 과일 141.0g을 먹는 셈이다. 결국 채소와 과일을 골고루 섭취하는 사람은 6.7%에 불과하고, 연령별로는 13~19세(87.0g)와 20~29세(101.1g)의 섭취량이 특히 낮다고 한다. 그러나 한국영양학회가 권장하는 채소와 과일 하루 섭취량은 각각 490g, 300g이다. 이 권장량은 평균 한 끼 식사에서 야채를 7번은 먹고, 과일은

〈표 1-1〉 색깔별 채소 및 과일에 함유된 식물 영양소

색	효과	함유된 식물 영양소	식품
흰색	면역력, 뼈 및 혈관 건강	알리신, 케르세틴	양파, 버섯, 양고추냉이, 콜리플라워, 배, 순무
노란색 주황색	면역력, 심혈관 · 눈 · 세포 · 피부 · 성장기 건강	알파카로틴, 베타카로틴, 베타크립토산틴, 루테인, 지아산틴, 케르세틴, 헤스페리딘	레몬, 오렌지, 당근, 호박, 옥수수, 파인애플
빨간색	면역력 · 혈관 건강	라이코펜, 엘라그산	아세로라체리, 딸기, 라스베리, 수박, 석류, 토마토, 사과
보라색	심장 · 뇌 · 뼈 건강, 노화 지연	안토시아닌, 레스베라트롤	포도, 블루베리, 적자색 양배추, 자색고구마, 무화과
초록색	안구 · 세포 · 뼈 건강	베타카로틴, 이소티오시아네이트, 루테인, 지아산틴, 이소플라본	시금치, 피망, 물냉이, 상추, 브로콜리, 완두콩, 대두, 녹차, 케일

출처 : 매일경제, 2012년 3월 21일

따로 세 번 정도 챙겨먹어야 권장량에 도달할 수 있는 양이다.

원예작물은 오염된 환경 · 식품에 노출된 인간의 몸을 질병으로부터 보호하고, 예방하는 매우 중요한 역할을 하는데, 각 작물의 색깔별로 가지고 있는 영양소를 살펴보면 〈표 1-1〉과 같다.

2. 환경적 기능

식물은 실내 장식 효과도 뛰어난 환경 건축 재료이다. 식물은 다른 인위적 장식물과는 달리 생물로서 끊임없이 성장하고 발육하고 변화하기 때문에 이에 따른 다양하고 섬세한 분위기를 연출할 수 있다는 특성이 있다. 또한 식물은 실내 환경을 부작용 없이 정화시킬 수 있다. 따라서 생명력을 근간으로 하는 다양한 환경적 효과를 얻을 수 있고, 이에 따라 인간이 느끼는 심적 만족감도 다른 환경 건축 재료에 비해 월등히 우수하다.

녹색식물이 없다면 우리는 숨을 쉬지도, 필요한 영양소를 섭취하지도 못할 것이다. 식물의 잎 뒷면에는 약 100만 개의 공기구멍이 있는데, 이를 통해 이산화탄소를 들이마시고 산소를 내뿜는다. 약 6,475만 평방킬로미터에 달하는 잎들이 매일같이 이 놀라운 광합성 작용으로 인간과 동물들에게 산소와 먹이를 제공해주고 있다.

우리가 연간 소비하는 3,750억 톤에 달하는 식량의 대부분은 바로 식물이 햇빛의 도움을 받아 공기와 토양으로부터 만들어낸 것이다. 인간이 살아가는 데 반드시 필요한 음식 등은 모두 식물의 광합성 작용을 통해 얻어진다. 식물이 광합성을 통해 만든 당류(탄수화물)에서 우리는 녹말, 기름, 왁스, 섬유소 같은 생존에 꼭 필요한 것들을 얻는다. 이처럼 인간은 요람에서 무덤에 이르기까지 생존을 식물에 의존하고 있으며, 그러므로 식물과 함께할 때 가장 편안하고 행복한 기분을 느낀다.

(1) 쾌적한 환경 조성

1) 공기 오염 물질 정화

① 광합성 작용

식물은 기공을 통해 대기 중의 탄산가스를 흡수해 광합성 작용을 하여 당을 합성하고, 잎 내의 수분을 대기로 방출한다. 이와 동시에 대기 중의 오염 물질도 기공을 통해 잎 내로 흡수한다. 식물은 기본적으로 광합성 과정을 통해 인간 생존에 필수적인 산소를 배출하고 이산화탄소를 흡수하면서 자체적으로 생존해가는 것(식물=독립 영양체)이다. 따라서 식물의 광합성 작용은 생물권의 모든 존재의 균형을 성립시키는 핵심이며, 인간에게 필수 불가결한 식량, 건축재료, 연료, 약재, 사료, 비료 등의 모든 생산물을 만들어내는 가장 기본적이고 중요한 대사 작용이다.

도시의 공기는 호흡조차 어려울 정도로 오염되고 있는데, 식물이 광합성 작용을 활발하게 함으로써 오존 농도의 상당량을 감소시킬 수 있다. 산림과학원이 산림의 다원적 가치를 109조 67억 원으로 평가한 수치는 농림어업 총 생산액의 3.9배, 임업 총 생산액의 19.7배에 달하는 규모다. 산림의 공익 기능 중 가장 큰 비중을 차지하는 분야는 20%를 차지하는 이산화탄소 흡수 및 대기정화 기능으로 22조 6,000억 원의 가치가 있는 것으로 나타났다. 이어 수원 함양 기능이 19%로 20조 2,000억 원, 산림 조망권 가치가 14%로 15조 2,000억 원, 산림 휴양 기능이 13%로 14조 6,000억 원 등의 순서였고, 토사 붕괴 방지 기능(6조 7,000억 원), 산림 정수 기능(6조 5,000억 원), 산림 생물 다양성 보전 기능(5조 3,000억 원) 등도 높은 비중을 차지했다.

대기 정화 기능은 숲이 이산화탄소를 흡수하고 산소를 공급하는 기능을 말한다. 숲은 우리나라 온실가스 총 배출량의 약 7.2%를 흡수하고, 산소는 연간 1억 1,200만 명이 호흡할 수 있는 양을 생산 공급한다. 수원 함양 기능을 보면, 우리나라 산림의 총 저류량인 190억t은 유효 저수량이 19억t인 소양강댐 10개를 건설하는 효과를 가지고 있다.

또한 식물은 종류에 따라 광합성 작용을 통해 생성한 에너지를 이용하여, 변화하는 환경에 대처하기 위한 2차적 대사산물을 만들어내는 경우가 있다. 약품과 독성 성분, 향기 등의 주원료가 되는 테르펜류(terpenoids), 페놀류(phenolics compounds), 플라보노이드(flavonoid) 등이 그 예이다. 식물은 2차 대사산물을 이용해 자생력을 기르고 다른 생물체의 공격을 방어하거나 다른 식물체에 영향을 준다.

② 공기 오염 물질 흡수

원예식물은 공기 중의 먼지나 오염 물질 및 유해 휘발성 물질의 가스 제거 효과가 높아 일종의 자연적 '공기 정화기' 역할을 한다. 특히 주로 잎을 감상하기 위해 키우는 관엽식물은 유해한 휘발성 물질인 가스 제거 효과가 다른 식물 종류에 비해 높은 편인 것으로 알려져 있다(〈표 1-2〉).

③ 공기를 오염시키는 물질의 종류

- 포름알데히드 : 자극적인 냄새가 있는 무색의 기체로, 주로 살균제나 방부제로 쓰이고 죽은 수목이 분해되면서 방출된다. 호흡기성 질환, 알레르기성 질환, 여성의 월경불순을 일으키고, 발암물질로도 알려져 있다.
- 라돈 : 무색, 무취의 기체로, 흙, 시멘트, 콘크리트, 대리석, 모래, 진흙, 벽돌 등의 건축 자재 등에 존재하며 공기 중으로 방출된다. 호흡기계 질환 중 폐암을 유발시키는 것으로 나타나 그 심각성이 새롭게 인식되고 있다.
- 휘발성 유기 화합물 : 건축 재료, 세탁용제, 가구류, 살충제, 페인트 등으로부터 방출된다. 피부로 흡수되기 쉽고 체내 흡수 후에도 중추신경과 부신 등 주요 기관을 침범하기 쉽다. 알레르기성 피부염, 점막 자극, 신경 장애, 호흡기 장애를 일으킨다.
- 이산화질소(NO_2) : 연료가 연소될 때나 자동차 배기가스에서 주로 발생한다. 폐 및 호흡기 질환을 일으킨다.

〈표 1-2〉 식물 종류별 유해 휘발성 물질의 가스 제거 효과

순위	크실렌(xylene)	포름알데히드(formaldehyde)	암모니아(ammonia)
1	Pheonix reobelenii (피닉스 야자)	Nepholepis exalta (네플로레피스)	Rhapis excelsa (관음죽)
2	Dieffenbachia maculata (디펜바키아)	Dendranthema grandiflorum (국화)	Homalomena spp. (호말로메나)
3	Dracaena marginata (드라세나)	Pheonix reobelenii (피닉스 야자)	Liriope spicata (개맥문동)
4	Homalomena spp. (호말로메나)	Dracaena deremensis (드라세나)	Anthurium andraeanum (안스리움)
5	Nepholepis obliterata (네플로레피스)	Nepholepis obliterata (네플로레피스)	Dendranthema grandiflorum (국화)
6	Dracaena deremensis (드라세나)	Hedera helix (서양담쟁이)	Calathea elliptica (칼라데아)
7	Anthurium andraeanum (안스리움)	Ficus benjamina (벤자민 고무나무)	Tulipa spp. (튤립)
8	Dracaena fragrans (드라세나)	Spathiphyllum wallisii (스파시필럼)	Chamaedorea elegans (테이블야자)
9	Ficus benjamina (벤자민 고무나무)	Dracaena fragrans (드라세나)	Ficus benjamina (벤자민 고무나무)
10	Spathiphyllum wallisii (스파시필럼)	Liriope spicata (개맥문동)	Spathiphyllum wallisii (스파시필럼)

- 일산화탄소(CO) : 무색, 무미, 무취의 기체로, 연료가 불완전 연소할 때 발생한다.
- 이산화탄소(CO_2) : 인간이나 동물의 호흡기로 배출되고 연료가 연소되면서 생성되는 물질이다. 산림자원이 감소하면서 이산화탄소의 농도가 점차 증가되고 있다.

2) 음이온 발생

이온이란 대기 중에 부유하는 미립자가 전기를 띤 것을 말하고, 이온은 운동도에 따라 대 · 소 이온으로 나뉜다. 소이온의 종류에는 양이온과 음이온이 있다. 양

이온은 공기가 혼탁한 도회지 및 실내 환경, 폭풍우 전에 많이 발생하고 신경통이나 뇌졸중 등을 발생시키는 것으로 알려져 있다.

음이온은 폭포, 계곡의 물가, 분수 등 물 분자가 격렬하게 운동하는 곳과 삼림 등과 같이 식물의 광합성 및 증산작용이 활발한 곳에서 다량 발생한다. 특히 건강한 나무가 많고 오염이 안 된 숲에서 음이온이 많이 발생하므로 숲에 가면 상쾌함을 느끼게 된다. 음이온은 자율신경을 진정시키고, 불면증을 없애며, 신진대사를 촉진시키고, 혈액을 정화하며, 세포의 기능을 강화하고, 얼굴색을 아름답게 만든다.

사람의 몸은 정신적 긴장이나 육체적인 피로 상태, 스트레스를 받을 때 양이온을 과다하게 만들어낸다. 이것을 몸 밖으로 내보내지 않으면 각종 신경통이나 경련, 신경장애 등이 나타난다. 반면, 숲에 많이 존재하는 음이온은 사람의 양이온을 상쇄하여 자율신경을 안정시킨다. 숲에 존재하는 음이온의 양은 활엽수림보다 소나무와 같은 침엽수림에서 더욱 많으며, 도심에 비해 14배에서 최고 70배가량 많다.

3) 향기 방출

① 테르펜의 방출

숲에서는 다양한 향기가 나는데 그 이유는 수목에서 분비되는 휘발성 물질들 때문이다. 숲 향기의 주성분은 테르펜(terpene)이라는 화학물질로, 소나무 가지 등을 꺾거나 솔잎을 문지를 때 테르펜이 만들어내는 향을 더욱 뚜렷하게 느낄 수 있다. 자연의 향이라며 광고하는 방향제, 탈취제, 세정제 등 대부분의 생활용품이 테르펜을 모방하고 있다. 테르펜에는 약 140종이 있으며 정유, 수지, 카로틴, 라텍스, 고무 등의 종류가 있다. 테르펜류에는 박테리아, 곰팡이, 기생충 등을 죽이거나 증식을 억제하는 효능이 있기 때문에 살충, 살균, 방부제 등으로 이용된다. 테르펜류는 휘발성이며 액화시킬 수 있으므로 흡입하여 사용할 수도 있다. 그 외에도 거담, 강장, 피로회복, 소염, 소독 목적으로 사용된다(〈표 1-3〉).

〈표 1-3〉 수목에서 분비되는 휘발성 물질의 치료 효과

과명	수종	약리 작용
너도밤나무과	밤나무, 구실잣 밤나무	소독제, 가려움증 치료, 혈관을 정화하고 고혈압 치료에 유효
삼나무과	삼나무	디프테리아 치료
소나무과	솔송나무, 낙엽송, 해송, 소나무, 가문비나무, 개분비나무, 잣나무	동맥경화 예방, 디프테리아 치료
편백과	편백, 나한백, 노간주나무, 화백	요로 소독과 임병 치료, 소염, 진정 작용
녹나무과 벼과	녹나무, 대나무, 갈대, 참억새	중추신경 흥분, 국소 자극, 진토, 이뇨제
운향과	밀감나무	방향성 건위제
소철과	소철	통경, 강장, 불로 장수약

일반적으로 테르펜, 특히 정유물질은 활엽수(1일 2~3kg)보다는 침엽수(1일 30kg)에서 많이 방출된다. 숲의 향기가 소나무 향기와 비슷하다고 느껴지는 것은 테르펜의 주요 발생원이 우리나라 숲의 경우 소나무류이기 때문이다. 또한 계절별로는 온도가 높고 습도가 높은 날 발산향이 많으며, 일별로는 공기의 이동량이 적고 생성량은 많은 새벽에 많이 발생한다.

② 피톤치드

피톤치드(phytoncide)는 식물을 의미하는 phyton과 다른 생물을 죽인다는 뜻의 cide가 합성된 말이다. 피톤치드는 어떤 특정한 화학성분을 지칭하는 것이 아니라 숲의 식물이 뿜어내는 정유를 포함한 테르펜(terpene) 물질과 살균 성질을 가진 모든 화합물을 총칭하는 것으로, 한마디로 '인간에게 생기를 주는 물질'이라는 뜻이다. 피톤치드는 식물이 가진 방어 및 치료 기술이라고 할 수 있다. 예를 들어 병원균 침입에 대항해 식물이 방출하는 방어 물질, 소나무 병균을 죽이는 송진, 나무줄기의 옹이나 돌출부 등이 피톤치드에 해당한다.

피톤치드가 일반 항생제와 다른 점은 다양한 식물로부터 생성되기 때문에 선택

성이 있어 의약품인 항균제가 내성을 일으키는 것과 같은 부작용이 없다는 것이다. 또한 피톤치드는 천연 물질로, 인간의 몸에 무리 없이 흡수되며 자연스러운 방어 능력을 촉진시킨다. 숲에서는 도심의 오염된 공기와 먼지 대신 신선한 피톤치드를 마음껏 흡입할 수 있다. 특히 삼림욕을 하면 강렬한 다량의 피톤치드를 흡입함으로써 단기간에 생기와 활력을 되찾을 수 있다. 숲을 찾아가거나 삼림욕을 하기 어렵다면, 생활공간에 다양한 식물을 두거나 손수 정원을 가꾸거나 가까운 공원을 방문하는 것도 좋은 방법이다.

○ 생활 속의 피톤치드 활용 예

- 솔잎을 깔고 찌는 송편 : 솔잎 향을 느낄 수 있고 송편을 오래 두고 먹을 수 있게 한다.
- 생선회 : 삼나무 잎, 무채, 차조기 잎을 깔거나 겨자 등과 함께 먹는다.
- 무좀 치료 : 다진 마늘로 발을 싼다.
- 재래식 화장실 : 커다란 오동나무 잎을 둔다.
- 종기 치료 : 뽕나무의 즙을 바른다. 느릅나무 내피를 바르거나 선인장 또는 알로에 즙을 바른다.

③ 정유 및 기타

정유(精油, essential oil)는 초본이나 수목의 잎, 꽃 또는 열매에서 독특한 냄새를 유발하는 휘발성 물질로, 테르펜의 종류 중 2~3개의 이소프렌이 모여 만들어진다. 향기는 소나무, 녹나무, 탱자나무, 귤나무 등의 기공을 통하여 향이 발산되어 만들어진 것이다. 특히 귤나무와 귤껍질에서는 무려 71가지의 휘발성 물질이 발산된다.

정유는 주로 향료로 쓰이며 타감작용(allelopathy, 한 식물이 특수한 화학물질을 분비하여 경쟁관계에 있는 다른 종의 생장을 억제하는 현상. 예를 들어 곰팡이가 생산하는 항생물질인 페니실린은 곰팡이 이외의 다른 미생물의 번식을 억제하고, 소나무에서 분비되는 탄닌은 풀의 생육을 억제한다)을 하고, 꽃을 수분시켜주는 곤충을 유인하는 역할과 포식자의 공격을 억제하는 역할(예: 양귀비꽃의 모르핀, 담배의 니코틴, 커피의 카페인, 소나무의 알파피넨)을 한다. 또한 소염, 혈압강하, 중추신경 자극에 의한 가벼운 흥분 작용(예: 숲에 들어가면 기분이 좋다) 등의 효과도 있다.

근래에는 마늘 냄새, 귤 냄새 등 식물에서 나는 많은 냄새가 인체 건강에 유익한 것으로 알려지고 있다.

모르핀을 방출하는 양귀비

카페인을 방출하는 커피

4) **실내의 온도 · 습도를 조절해준다**

① 실내의 온도 · 습도 환경

빌딩 등 실내의 대기 습도는 난방 등의 이유로 실외 환경에 비해 매우 낮은 편으로, 적정 실내 습도인 30~60%에 훨씬 못 미치는 수준인, 20% 이하에 불과하다. 상대 습도가 높은 경우에는 곰팡이 발생이 증가하여 실내 표면을 손상시키고 건강상의 문제를 야기한다. 먼지진드기 또한 다습한 환경을 선호하여 이들은 특히 사람에게 천식이나 알레르기성 질환 등을 유발한다.

반대로 상대 습도가 낮은 경우는 실내를 장식하고 있는 나무의 변형이 일어나고 나무가 팽창되거나 수축하며 바이러스 감염이 성행하여 감기와 같은 바이러스성 질환의 감염률이 높아진다.

이런 환경에 식물을 두면 자연스럽게 습도를 조절하여 인간이 쾌적하게 생활할 수 있게 된다.

강원도 정선군 두위봉에 있는 주목(약 1,400년으로 추정, 천연기념물 제433호)

② 식물에 의한 온도 · 습도 조절

식물은 기공을 통한 증산작용(식물 내의 수분이 증발하는 것)에 의해 실내 습도를 증가시킨다. 식물의 온도 · 습도 조절은 가습기 같은 기계적 장치를 사용할 때와 달리 오염 우려가 없으며, 자기 조절적이라는 특징이 있다. 즉, 상대 습도가 높을 경우에는 식물의 증산력이 감소하고, 주변 상대 습도가 낮을 경우에는 증산력이 증가한다.

많은 식물 종류 중 파키라, 몬스테라, 벤자민, 쉐플레라 등의 관엽류는 상대 습도를 조절하는 작용이 활발한 식물 종류에 속한다. 따라서 실내에 보통 크기(1m 안팎)의 관엽식물 화분 3개를 두는 것은 24시간 가습기를 작동시키는 것과 같은 효과가 있다.

세계에서 가장 오래 살고 있는 나무[미국 캘리포니아주 화이트 마운틴의 아리스타타 소나무(약 4,500년으로 추정), 2011, 산림청]

5) 공기 중 먼지 제거

왕성하게 자라는 15년생 플라타너스 나무의 입 면적은 한 나무 당 약 300평 정도라고 한다. 이 한 나무에서 공기 중의 먼지를 흡착하여 빗물에 흘려보내는 양이 큰 도시에서는 약 1톤이라고 하니 식물의 먼지의 제거 효과는 실로 대단하다. 실내 관엽식물류도 생활공간의 먼지를 상당히 정화하는 것으로 알려져 있다.

(2) 장식 효과

날로 삭막해지고 있는 도시 환경에서 식물의 아름다움은 그 가치를 더욱 발휘하고 있다. 식물은 자연과 접촉할 기회와 생활환경에 쾌적함을 제공하여준다. 또한 식물은 자연과 생명의 색인 녹색으로 자연스럽고 부드러운 분위기를 연출함으로써 아름답고 인상적인 공간을 구성하는 데 매우 중요한 역할을 한다. 특히 다른 인위적 장식품에서는 찾아볼 수 없는 식물 특유의 신선한 색채와 부드러운 질감으로 공간의 획일성과 경직성을 탈피하는 데 도움을 준다.

○ 생물체로서의 식물이 주는 다양한 장식 및 기능적 효과

· 다양한 색채, 형태, 질감, 선을 제공한다(예: 다육식물, 관엽식물 등).

· 딱딱한 건축선의 완화, 구조물의 상세를 강조해준다(예: 실외 조경).

· 5감(感)을 만족시켜준다.

· 신개발지 내의 안정감을 부여해준다(예: 꽃, 허브, 방향식물).

· 경관의 차폐, 차광, 통일감을 부여해준다.

· 계절감 및 역동적인 분위기를 제공해준다.

이렇듯 식물은 도시 디자인에 생명력을 불어넣는 요소이며, 도시 디자인을 안정화하는 역할을 한다. 특히 실내 공간에 식물을 두면 단순히 식물의 미적인 요소를 감상하는 것뿐만 아니라 원예의 양육적 특성을 살릴 수 있다. 거주 환경 내에 식물을 두는 것은 식물의 미적 가치의 중요성 외에도 녹색의 애완동물을 기르는 효과를 얻을 수 있는 것이다.

또한 조용하고 쾌적한 주거 환경을 원하는 도시민은 경관 조성이 잘된 거주단지 및 녹색의 푸르름이 펼쳐진 주거 환경을 매우 선호하며, 이는 경관 만족도에 미치는 가장 중요한 요인이 될 수 있다. 예를 들어, 자신의 주택을 소유하고 있는 사람들은 집 주변에 잘 조성된 조경 단지가 있을 경우 주택의 시장 가치가 15% 이상 증가될 것으로 전망하며, 실제 부동산 전문가들의 추정으로도 7% 이상의 가격 증가

식물은 도시 환경의 쾌적성 유지에 매우 중요한 역할을 한다

요인이 되는 것으로 추정하고 있다. 또한 잘 정돈되고 아름답게 관리되는 수목류는 주거 환경 경관을 심미적으로 매우 향상시키며 편안한 쉼터 같은 아늑한 느낌을 준다.

(3) 건축적인 효과

1) 방음 효과

식물은 자동차나 주변의 기계에서 발생하는 각종 소음을 차단해준다. 시끄러운 길가 및 도시 환경에 노출된 지역에서는 수목류 등을 이용하여, 소음을 차단하는 효과를 볼 수 있다. 식물은 잎이나 가지, 잔가지로 소리를 흡수, 편향, 굴절, 반사시킨다. 도시 생활에서는 교통 및 공장 등에서 발생한 소음으로 인해 불편하고 불쾌한 수준인 평균 70~80dB의 소음치가 발생하는데, 이는 쾌적한 생활에 필요한 50dB의 소음에 비해 높은 수치이다. '보이지 않는 살인자'라고까지 불리는 소음은 도시 환경 내에 방음림을 식재함으로써 상당히 경감시킬 수 있다. 상록수를 20~30m 폭으로 빽빽하게 심어줌으로써 소음을 5~7dB까지 줄일 수 있고, 이는 시각적으로도 소음원을 줄여줌으로써 방음 효과를 더 높일 수 있다.

이처럼 식물은 도시의 소음과 진동 및 사생활 노출 등의 문제점을 해결해준다는 점에서 도시 쾌적성의 향상에 일익을 담당하고 있다. 도시 녹지 조성 및 특수 공간 녹화는 이러한 쾌적성 유지에 매우 효과적인 방안이라고 할 수 있을 것이다.

2) 차광 및 방열 효과

식물은 직사광선을 차단하고 과다한 복사열을 감소시키는 데 효과가 있다. 빌딩의 옥상이나 인공 지반 위를 녹화한 경우, 녹화하지 않은 경우에 비해 여름 낮의 옥상 표면 온도는 30℃ 정도, 실내 공간은 2~5℃까지 차이가 난다는 보고가 있다. 옥상이나 인공 지반의 녹화는 특히 여름철 고온기의 급격한 온도 상승을 차단하고 겨울철의 보온에 크게 기여하여 냉·난방에 필요한 에너지를 절감하는 좋은 방법이다.

3) 차폐 효과

차폐란 사람이 보기에 아름답지 못한 경관이나 경관의 한 국부가 너무 노출되어 미적 가치가 없을 때 이를 보기에 아름답도록 차단해주는 것을 말한다. 식물은 이를 위한 가장 자연스럽고 손쉬운 재료가 될 수 있다. 예를 들어, 어떤 건물이나 장소를 숨기고 싶다면 사시사철 잎이 나는 사철나무 등을 심어 울타리를 만들거나, 좀 더 큰 침엽수를 심어 시선을 차단할 수 있다. 차폐가 목적이더라도 단지 수목을 식재하여 가리는 방법 외에 이끼나 잔디 혹은 다양한 초본식물을 이용하여 미적인 효과를 높일 수 있게 디자인할 수 있다.

○ 식물을 이용한 차폐 방법

· 절토면 : 자연석+계단식 초목 식생

· 암벽 : 이끼 부착+수목, 초본 식물 식생

· 공동묘지 : 잔디+야생화 식재

· 공장지대, 난립한 주택단지 : 수목을 이용한 차폐

· 꽃꽂이 시의 침봉 노출 : 나뭇가지, 잎, 이끼+오브제

· 화분 흙의 노출 : 이끼+지피식물

4) 동선 유도 효과

식물은 부자연스런 동선을 자연스러운 동선으로 바꿀 수 있고 포컬 포인트 및 경계의 역할을 할 수 있다. 좁게 보면, 적당한 위치에 화분을 배치하는 것만으로도 사람의 동선을 원하는 대로 유도하거나 차단할 수 있다. 특히 식물이나 화분은 절

제 펜스나 콘크리트 벽 등 인공적인 장치보다 훨씬 자연스럽고 편안하게 동선을 유도한다는 장점이 있다.

예를 들면, 주목(朱木)을 경관의 중심이 되는 중요한 위치에 배치하는 것, 넓은 잔디밭 가운데에 원형 화단을 만들어 중심을 잡도록 하는 것, 현관 앞에 차량이 돌아갈 수 있는 회전로를 만들고 주변에 식물을 심어 경계로 삼아 차량을 유도하는 것 등이 있다.

3. 치료적 기능

인간은 자연과 식물 속에서 가장 안정적인 상태를 유지할 수 있는 것으로 알려져 왔다. 식물이 갖고 있는 녹색은 산업화 · 도시화의 상징적 색채인 회색과 대비되고, 삶의 질을 높이는 환경 친화 디자인(green amenity)으로서의 의미를 갖고 있으며, 환경오염 및 공해와 대비되는 순수, 깨끗함, '생명(BIO)'의 의미 등으로 다양하게 해석될 수 있다.

인간은 자연과 함께함으로써 산업화로 인해 파괴된 인간성을 회복할 기회를 얻을 수 있다. 자연과 함께하는 경험이 벗어나기, 확장, 흥미, 적합성과 같은 조건을 만족시키기 때문이다. 이런 기능을 자연의 치료적 기능이라고 라고 한다. 또한 사람은 자연과 함께함으로써 활기를 되찾고 생동감을 느낄 수 있다. 그 이유는 심리적 안정감, 지적 만족감, 운동 효과로 설명할 수 있다.

벗어나기(being away) : 현재 환경과 다른 환경을 제공함으로써 스트레스 받는 현실로부터 멀어지는 느낌을 주고 긍정적인 생각을 증진시켜준다.

확장(extent) : 확장은 물리적 크기가 아니라 인지적 크기로 인식된다. 따라서 굳이 숲이나 대자연으로 가지 않아도 미니정원, 테라리움, 채소밭 등을 통해 자연을 체험하게 하는 효과를 얻을 수 있다.

홍미(fascination) : 자연을 만끽하고 식물을 가꾸는 동안 사람들은 스트레스를 받는 일과 상황을 잠시 잊고 그 순간에 몰입할 수 있다.

적합성(compatibility) : 자연과 식물이 가까이에 있는 환경에서는 사람들이 심리적 안정감을 갖고 자신의 일에 열정을 기울일 수 있다.

무미건조한 현대인들의 일상에서 식물은 스트레스 해소에 큰 역할을 한다. 특히 생활공간 가까이에 녹색식물을 두는 것만으로도 스트레스 경감에 큰 도움이 된다. 이와 관련해, 교도소 수감자들을 대상으로 실시한 흥미로운 실험이 있다. 미국의 한 보고서에 의하면, 교도소에서 내부공간만 보이는 곳에 수감된 사람들과 농장이 보이는 곳에 수감된 사람들을 비교 실험해본 결과 농장이 보이는 곳에 수감된 사람들의 교도 속도가 훨씬 빨랐다고 한다. 또한 수감자들에게 식물을 마주보게 하면 스트레스 수치가 상당 정도 줄어들었다고 한다. 우리나라 조선시대에도 이와 유사한 기록이 남아 있다. 세종대왕은 죄수에게까지 온정을 베풀었는데, 이때 식물을 활용했다고 한다. 즉, 세종대왕은 죄수들의 교도를 위해 옥사 주위에 다섯줄로 나무를 심어 녹음을 조성하는 등 옥사 환경에도 신경을 썼다고 한다.

우리가 사는 녹색 행성인 지구는 무한한 치유력을 가지고 있는데, 그 치유력의 원천이 바로 식물이다. 지구상에 식물이 존재하지 않는다면 인간은 생존조차 불가능할 것이다. 뿐만 아니라 식물은 힘겨운 현실을 살아가는 많은 사람들에게 따뜻한 위안과 희망, 감상의 즐거움과 생명의 신비를 일깨워준다.

한편으로, 원예활동은 식물의 성장을 통해 인간 자신의 성장을 도모하는 학습활동이다. 우리는 꽃이나 관상용 식물을 가꾸거나 뿌리채소, 허브, 과실수 등을 손수 재배해보면서 다양한 경험을 하게 되고, 그 과정에서 자신과 타인의 정서적 및 실용적인 만족을 만끽할 수 있다.

제2장
원예와 원예치료의 정의와 역사

1. 원예의 정의

(1) 원예의 정의

원예는 인류 역사와 더불어 시작하고 발전하였으며, 원예라는 용어는 17세기에 처음으로 문자화되었다. 원예(horticulture)의 어원을 살펴보면, hortus(garden, 정원)+cleoro(culture, 경작)에서 유래하였으며, 1678년에 처음으로 원예(horticulture)라는 용어로 사용되기 시작하였다. 좁은 의미의 원예라는 뜻으로 사용되는 '가든(garden)'은, 앵글로 색슨계의 'gyrdan'에서 유래하였으며, 이것의 영어 어원은 'enclose'로, '둘러싸임'이라는 의미이다. 결국 '가드닝(gardening)'은 정원 안에서 어떤 것을 가꾼다는 의미가 된다. 또한, 한자 원예(園藝)에서 '원(園)'은 주위가 성이나 담, 울타리로 둘러싸여 있는 것을 의미하고, '예(藝)'는 토양에 식물을 관리 또는 재배(culture)하는 것을 의미한다.

한편, 중세까지는 성 밖의 넓은 전답이나 산에서 식물을 재배하는 것을 농업(agriculture)이라고 정의하여 원예와 농업의 개념을 완전히 구분하였다. 하지만 현재는 성 안팎의 구분이 없어지고 도시화가 진행됨에 따라 장소를 기준으로 원예와 농업의 개념을 구분하는 것이 어렵게 되었다. 따라서 현재는 장소로 구분하는 대신 '집약적 · 기술적으로 관리하여 높은 수익을 얻을 수 있는 작물을 가꾸는 것'이라는 의미로 원예라는 용어를 사용하는 경우가 많다. 결론적으로, 현재 원예는 '인간의 식용, 약용 또는 미적 만족을 위하여 집약적으로 식물을 재배하는 것'이라고 정의하는 것이 가장 바람직하다. 이런 기준에서 원예의 범위는 다음과 같다.

화훼원예 : 각종 초화류, 꽃나무류, 난류, 선인장 및 다육식물류 및 관엽식물의 재배, 관리, 번식을 다루는 분야를 말한다.

과수원예 및 채소원예 : 각종 소과실류 및 채소류(잎채소, 줄기채소, 뿌리채소, 열매채소)를 다루는 분야를 말한다.

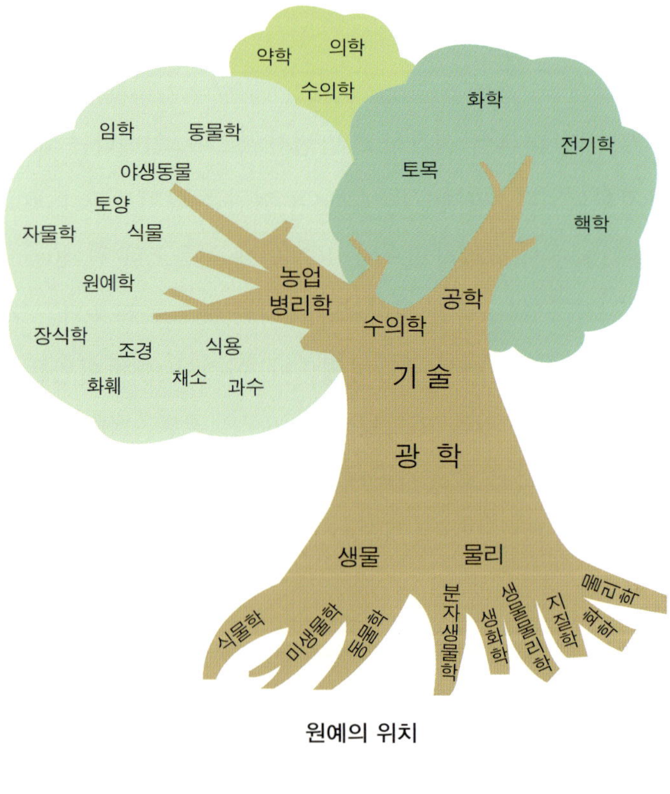

원예의 위치

조원 : 실내외의 주거 공간을 쾌적하고 아름답게 꾸미고 관리하는 기법을 다루는 분야를 말한다.

(2) 원예의 역사

최초의 원예는 농경활동으로, 이때는 먹거리를 찾기 위한 식량생산 활동에 불과했다. B.C. 6세기경 고대 중국에서는 채소(아욱, 오이, 부추, 파, 미나리 등)와 과실류(밤, 대추, 오얏) 위주로 식용을 목적으로 채소류를 재배하였으며, 그리스 시대에는 장미, 양귀비, 백합, 크로커스, 히야신스 등의 화훼류를 재배하였고, 로마 시대에는 최초의 용기 재배(container culture: Adonis)가 성행하면서 화훼 장식이 일반화되고 큰 발전을 이루었다.

많은 탐험가들이 활약한 '신대륙 발견의 시대'에는 이탈리아, 영국, 스페인, 프랑

고대의 원예활동

스 등의 강대국들이 신대륙을 발견함으로써 새로운 열대산 식물이 구대륙에서 신대륙으로 이동하였고, 이 과정에서 많은 품종들이 널리 소개되고 개발되었다. 이에 따라 원예 분야에서 획기적인 발전이 이루어졌으며, 이후 산업 혁명을 거치면서 대중화 · 보편화되었다.

우리나라는 백제, 신라시대부터 원예활동에 관한 기록이 남아 있다. 특히 조선시대에 접어들면서 본격적인 원예활동이 성행하여 동산바치인 인제 강희안이 각종 꽃식물의 재배법을 자세히 다룬『양화소록』을 기록하는 등 원예기술에도 큰 발전이 있었다. 이후 꽃식물뿐만 아니라 채소류도 재배되면서 본격적으로 원예활동이 시작되었고, 개화기 이후 1908년 11월에 창경궁에 창경원식물원이 일제에 의해 준공되고 열대산 식물이 소개되는 등 원예의 대중화가 이루어졌다.

(3) 1차적 원예

원예란 일정한 장소에서(garden) 식물을 경작하는 행위(culture)라는 고전적인 정의에 따를 경우, 원예의 의미를 단순히 의식주를 해결하는 수단에 국한시키게 되는 한계가 있다. 현대인의 관점에서 볼 때 이런 고전적인 원예의 정의는 원예의 본질을 설명하기에 턱없이 부족하다.

1차적 원예는 생활과 교환에 필요한 산물을 재배 · 수확하는 행위를 말한다. 초기 인류는 자연에서 본능적으로 필요한 식물을 수확했겠지만 점차 저장 방식을 깨닫고 다량으로 경작하는 방법을 깨우치면서 다양한 작물과 과일, 향신료 등을 직접 재배하기 시작하였다. 또한 인류는 정원이나 공원 등을 만들고 가꾸는 등 식물을 관상하는 것에도 관심을 두기 시작했다. 이처럼 생산과 관상이라는 측면이 강조된 시기의 원예를 1차적 원예라고 할 수 있다.

2. 2차적 원예

(1) 2차적 원예의 정의

2차적 원예란 식물 생산에 근본을 두는 1차적 원예에서 벗어나 원예와 인간 사이의 관계를 연구하고 그 결과 삶의 질을 풍요롭게 하는 데 초점을 맞춘 원예를 의미한다. 즉, 원예식물과 인간과의 관계, 원예의 문화적 측면 등을 고려하여 원예를 통해 자연과 문화를 통합하고자 하는 것이다. 따라서 '경작해서 얻는 것'인 1차적 원예의 정의에 '양육하며 느끼는 것'이라는 의미를 보강하여 확립시킨 새로운 개념을 2차적 원예라고 할 수 있다. 식물을 접하는 소중한 경험을 통해 원예의 중요한 부분인 '돌봄'을 배운다는 뜻을 포함하는 것이다(〈표 2-1〉).

〈표 2-1〉 인간의 식물 양육과 획득

행위	개인적인 면	사회적인 면
양육	식물을 돌봄 인격의 성숙 감정 조절 인내와 사랑을 배움	자연스러움의 회복, 아름다움을 추구 유쾌한 환경을 제공 다른 사람과의 관계 회복 풍성한 삶을 추구함 생명체를 동등시 함
획득	생산물 수확 인간에게 유익한 것들을 생산, 발견 혹은 이용	생산물을 제공 경제적 이윤 추구 수단으로 취급 인간의 행복을 추구함

결론적으로 2차적 의미의 원예는, 기존의 1차적 원예가 단순한 먹거리, 관상적 가치, 조경적 가치에 국한되었던 것에서 나아가 인간의 신체적, 정신적 측면 등에 영향을 미치는 데 집중적으로 관심을 갖고 삶의 질을 향상시키는 복지적 측면의 가치를 중요시한다는 특징을 가지고 있다. 또한 식물과 사람과의 관계를 포함하여

원예를 주관하는 인간에게 미치는 영향 및 특성을 더욱 강조하는 의미로 볼 수 있다. 이러한 넓은 의미의 원예를 이해하고 규정하기 위해서는 원예학뿐만이 아닌 환경심리학, 조경학, 사회 생태학, 인류학, 사회학, 보건학, 지리학, 대중매체학, 임학 등 다양한 분야를 함께 살펴볼 필요가 있다.

(2) 2차적 원예의 분야

1) 가정 원예

가정 원예(home horticulture)는 home(가정)+hortus(뜰, 정원, 과수원, 채소원)+culture(재배한다)의 합성어로, 가정의 뜰이나 정원 및 실내외 공간에서 취미활동이나 장식적 목적 또는 실용적인 용도로 원예식물을 가꾸고 다루는 것을 의미한다.

도시화가 가속화됨에 따라 인간 생활에서 정서가 메마르고 각박해지고 있는데, 이러한 문제점을 해소하고 심리적 만족을 추구하기 위한 목적으로 식물을 재배하고, 생활 가까이에 자연을 끌어들이고자 하는 욕구가 가정 원예의 직접적인 동기이자 목적이다. 우리나라에서도 1980년대 이후 선진국 형태의 가정 원예 및 장식 원예가 발달해왔고 현재 관심이 더욱 고조되고 있다. 원예식물 전반에 대한 이해를 바탕으로 화훼, 채소, 과수 가꾸기 및 현재 수요가 급증하고 있는 그린인테리어, 플라워디자인(꽃꽂이, 플라워데코레이션, 드라이플라워, 허브), 조경(landscape) 등을 취급하고 있다.

가정 원예에서 주로 다루는 주제들은 다음과 같다.

○ 원예식물의 분류/ 원예식물의 생육 환경/ 원예식물의 번식/ 실내 원예(꽃꽂이, 드라이플라워, 프레스플라워, 테라리움 및 디시가든 만들기, 수경 재배, 분재 및 난 키우기, 허브 키우기, 실내 조경)/ 실외 원예(정원 및 화단 가꾸기, 가정 채소 가꾸기, 식물원 등)

2) 사회 원예

사회 원예란 원예와 인간 사이의 관계를 다루는 것으로, 원예의 관점에서 인간이 살아가기에 적합한 사회 환경과 주변 환경을 파악하고 인간의 삶을 향상시키는데 적용하는 원예의 분야이다. 사회 원예는 원예 연구의 중심을 교육, 정신적 · 물리적 건강, 도시와 지방의 발전을 포함하여 사회적 · 인간적인 면에 두고 있다.

3) 도시 원예

도시 원예란 도시의 발전이 고도화되면서 파괴되고 소홀히 취급된 도시 내의 자연을 복구하고 환경오염을 방지하고자 하는 사회적 배경을 바탕으로 도시민의 환경 개선을 위하여 연구하는 분야이다. 도시 원예는 1980년대 후반기에 미국 등에서 도시에서 식재하고, 자라고, 가꾸는 식물을 일컫는 데 사용되었다. 공해, 수질오염, 자동차 등이 많은 도시 지역에서 식물이 안전하게 살아가고 아름답게 보전하기 위한 특정한 재배법의 필요성 등과 같은 인간보다는 식물 위주의 연구 분야를 다룬다. 도시 원예에서 주로 다루는 주제들은 다음과 같다.

- ○ 식물의 생육 환경/ 도시와 식물 환경의 중요성/ 녹지 조성의 개방(관엽식물 실내 정화 기능 개방)/ 관엽식물에 의한 실내 쾌적성 효과/ 관엽식물에 의한 대기 오염 물질의 정화/ 식물이 실내 환경 디자인 개념 전환에 미치는 영향

4) 치료 원예

치료 원예(therapeutic horticulture)란 주로 미국에서 발전한 분야로, 원예를 인간의 정신적이고 심리적인 측면의 향상을 위한 치료도구로 인식한다. 예를 들어, 제2차 세계대전 후 정신병원에서 환자들을 대상으로 정원 가꾸기와 농장일을 물리적 치료 도구로 사용한 것이 치료 원예의 대표적인 사례이다. 치료 원예를 하기 위해서는 원예에 관한 전반적인 이론과 실제적인 지식을 갖추어야 하며 심리학, 사회학,

정신의학적 측면의 학제 간 교류가 반드시 필요하다.

미국 미시간 주립대학에서 최초로 치료 원예학의 학위를 수여하였으며, 1975년에 캔자스 주립대학에서 최초로 박사 학위를 수여하기 시작했다. 이 두 대학을 중심으로 '원예를 통한 치료와 재활을 위한 전국협의회'(후에 미국 원예치료협회로 발전)가 창립되었다.

치료 원예는 인간과 식물 간의 상호작용을 강조하고 2차적 원예의 주요 이론적 배경이 되고 있다. 특히 미국에서는 원예인들의 모임인 PPC(people-plant council)가 2년마다 심포지엄을 개최하고 있는데, 식물, 인간, 환경에 관한 각 분야의 연구자들이 모여 식물이 인간과 환경에 미치는 효과 검증에 관한 연구, 의료시설로서의 치료 정원의 효과 및 설계 등에 관한 연구 등을 비롯해 원예학, 조경학, 임학, 심리학, 의학 등 광범위한 영역에서 관련 연구가 이루어지고 있다.

(3) 2차적 원예 역할의 이론적 배경

2차적 의미의 원예는 개인의 마음과 감정을 계발하고, 공동체의 복지와 건강을 증진하며, 현대 문명 안에 정원을 통합시키는 복합적 역할을 하는 꽃, 과실, 채소, 교목, 관목을 재배하는 기술과 과학을 의미한다. 새로운 분야의 원예에서 가장 중점을 두는 점은 "원예와 인간의 상호관계를 연구하고 그 결과 삶의 질을 풍요롭게 한다"는 것이다. 이에 대해서는 다음과 같은 이론이 알려져 있다.

1) 렐프(Relf)의 이론

① 도시 환경에서 식물의 영향

수목, 풀, 꽃은 이산화탄소와 매연, 먼지 등으로 오염된 공기를 정화하고, 건물 증후군 등 도시 생활에서 겪게 되는 스트레스를 감소시키며, 비타민과 항산화물질(암 등의 질병 예방에 탁월한 효과)의 유용한 공급원으로 중요한 역할을 한다.

② 식물이 인간에 미치는 정신 및 생리학적 반응

식물은 인간의 정신 및 인체에 긍정적인 영향을 미쳐, 혈압 감소, 스트레스 해소, 불안감 해소, 공포감 해소 및 행복감 증진 등의 치료적 효과를 이끌어낸다. 예를 들어, 회사나 호텔 등의 공공장소에 적절한 실내 조경을 함으로써 업무 능률을 증진시키고 수익을 증대하는 효과를 얻을 수 있다. 특히 병원, 호스피스 시설, 건강 요양원, 의료시설에 실내 조경을 할 때 치유적인 환경을 조성함으로써 감정의 승화를 이끌어내고 의미 있는 삶을 설계할 수 있도록 유도할 수 있다.

③ 식물 재배는 사회적 의사소통과 상호작용을 촉진한다

식물의 세계는 비위협적이며 비차별적이다. 그러므로 정원 가꾸기 등의 원예활동은 집단 내의 많은 사람들에게 감정적 승화를 이끌어내고, 사회적 무력감을 느끼는 사람들에게 희망과 용기를 주며, 스스로가 매우 소중한 존재라고 느끼게 함으로써 자긍심을 높여 사회에 꼭 필요한 구성원이 될 수 있도록 유도한다. 또한 여러 사람과 상호적인 원예활동을 하는 과정에서 더 많은 공통 관심사와 경험을 공유하게 되고, 소속감을 느끼게 되며, 집단생활의 규칙을 알게 된다.

2) 울리히(Ulrich)와 파슨즈(Parsons)의 이론

울리히와 파슨즈(Ulrich & Parsons, 1992)는 2차적 원예가 인간의 정신 · 생리학적인 측면에서 상당한 효과가 있다는 사실을 밝혔다. 그들의 이론을 살펴보면 다음과 같다.

① 과노출과 자극 이론

과노출과 자극 이론은 식물이 인간의 자극을 감소시킴으로써 스트레스를 줄인다는 이론이다. 현대인들은 엄청난 소음, 끊임없는 움직임, 현란하고 복잡한 시각 환경에 노출되어 있다. 또한 매 순간 쏟아지는 엄청난 양의 정보가 인간을 심리적으로 압박하며 감각을 마비시키고 있다. 이에 따라 현대인들은 정신적 · 신체적으로 흥분이 위험한 수준까지 도달해 있다. 반면 식물로 구성된 환경은 덜 복잡하고 안정적이며 편안한 느낌을 준다. 따라서 다양한 식물로 주변 환경을 꾸밀 경우 위험한 수준까지 도달해 있는 인간의 환각성이나 자극을 감소시킴으로써 스트레스를 감소시킬 수 있다.

② 학습 경험 이론

학습 경험 이론은 식물체에 대한 사람들의 반응은 최초의 학습 경험이나 성장한 문화에 지배받는다는 이론이다. 즉, 사람들은 어린 시절 접했던 환경을 떠올리며 주변 환경을 끊임없이 그와 유사하게 만들고 꾸밈으로써 편안하고 안락한 느낌을 갖는다는 것이다. 따라서 학습 경험 이론에 따르면 과거에 다양한 식물을 접했고 조경 경관이 훌륭한 곳에서 생활한 사람일수록 자연과 식물을 가까이에 두고 싶어하고, 거기에서 삶의 의미를 깨닫게 된다.

③ 진화 이론

진화 이론은, 인간은 주로 식물로 구성된 환경에서 진화해왔기 때문에 심리적·육체적으로 식물이 있는 환경에 반응한다는 이론이다. 즉, 사람들은 물이나 돌 같은 자연적인 요소와 식물이 함께 있는 곳에 자연스럽게 주의를 기울이거나 긍정적으로 반응하는 무의식적인 경향을 갖고 있다는 것이다. 예를 들어, 초기 인류는 생존에 필요한 물과 음식물을 발견할 가능성이 가장 높은 곳인, 숲속으로 완만히 들어가는 곡선 길 등을 선호했는데, 이는 바로 현대의 근경기법에서 많이 등장하는 배경이다. 이들에게 숲속으로 완만히 들어가는 곡선 길은 안전과 탐험이라는 의미에서 무척 중요하였기 때문이라고 한다.

3. 원예의 치료적 효과

인간은 식물의 아름다움을 감상하는 동안에 또는 식물을 직접 재배하면서 성장 · 발육과정을 지켜보는 과정에서 다양한 심리적 경험을 한다. 그럼, 원예활동이 인간에게 어떤 심리적 기능을 하는지 세분화하여 살펴보자.

(1) 심리적 안정감

인간은 원예활동을 하는 동안 심리적 안정감을 느끼게 된다. 원예활동을 통해 얻게 되는 심리적 안정감은 크게 협의와 광의로 나눌 수 있다. 먼저, 좁게는 교육적 효과로서 장애인의 재활, 치매 치유, 정신질환자의 정신 치료, 범법자의 정신 감화

메소포타미아 바빌론의 세미라미스 공중 정원(Hanging Gardens)

및 어린이의 정서 교육 등에 효과가 있다. 둘째, 광의로는 스트레스 조절을 통한 삶의 질 향상(① 정서적인 안정 ② 분노의 경감 ③ 위기 극복) 등의 효과가 있다.

뿐만 아니라 생활공간 가까이에 다양한 식물을 두거나 직접 정원을 가꾸거나 주변의 공원이나 꽃가게, 화훼농원을 찾는 것도 심리적 안정감을 느끼는 데 큰 도움이 된다. 손수 식물을 가꾸고 재배하지 않더라도 가로수가 잘 정비된 가로수길, 꽃과 열매가 풍성한 과수원, 초본 · 수생식물 · 관상수 등이 어우러진 아름다운 생태공원 등을 보는 것만으로도 사람들은 심리적 안정감을 느끼곤 한다.

(2) 지적 만족감

원예활동은 살아 있는 유기체를 대상으로 하는 활동이다. 따라서 원예작물을 직접 재배하다 보면 빛, 온도, 수분, 토양 및 비료 같은 환경 조건, 개화생리, 발아생리, 유전공학적 특성 등에 대한 기본적인 지식을 공부하고 습득하게 된다. 또한 그 과정에서 원예뿐만이 아니라 생물 전반에 관한 다양한 지식을 얻을 수 있다. 나아가 자연의 중요성을 깨닫고 자연으로 돌아가 자연 속에서 생활하고 싶은 본능을 일깨우게 되고, 생명과 자연에 대해 이해하게 된다.

특히 도시생활에 지친 현대인은 원예활동을 통해 식물 및 주변 환경과 교류할 수 있고, 식물을 가꾸면서 자신의 주변에 있는 다양한 색, 형태, 향기, 사물과의 만남 등을 통해 뇌의 자극을 받게 되어 지친 몸과 마음을 회복하는 기회를 얻을 수 있게 된다. 따라서 원예활동은 무미건조한 도시생활 속에서 자연을 배울 수 있는 교육적 기능을 담당하고, 이를 통해 원예에 참가한 모든 대상자에게 지적인 만족감을 줄 수 있다.

(3) 운동 효과

원예활동은 단지 식물을 감상하면서 위안 및 치유를 얻는 것 외에 재배하는 과정에서 직접적인 운동 효과도 얻을 수 있다. 즉, 식물을 재배하는 과정에서 근육을 사용하고 땀을 흘림으로써 기분 좋은 피로감과 상쾌함을 느끼게 되고, 몸의 근육을 활발히 사용함으로써 육체의 퇴화를 방지하고 강화하는 등 적극적 의미의 건강 증진 효과도 있다.

보통 1시간 동안 제초 작업을 할 경우 300cal가 소모되는데, 이는 1시간 동안 자전거를 타거나 빠르게 걷는 것과 맞먹는 칼로리 소모량이다. 이와 관련해 최근 일본에서는 원예활동이 상당한 운동 효과를 보인다고 조사되었으며, 구체적인 운동량의 수치는 〈표 2-2〉와 같다.

〈표 2-2〉 **50세 중반의 남자가 여러 가지 운동과 원예 작업을 했을 때의 운동량 상호 비교**

운동의 종류	운동량(비교치), cal
조깅	91 - 100
계단 승강	79 - 91
산보	41 - 59
속보	56 - 78
자동차 운전	14 - 32
명상 또는 꽃 감상	13 - 17
괭이질	79 - 98
물주기(물뿌리개 이용)	33 - 48
씨앗뿌리기	23 - 46

원예활동을 하면 땀을 흘리는 것 외에, 손과 손가락을 지속적으로 움직여야 하고, 팔과 다리를 활용해야 하며, 눈으로 모든 것을 파악해야 하기 때문에 전신운동

효과가 있다. 또한 이렇게 활발하게 움직이다 보면 신선한 산소가 폐와 뇌에 공급되어 육체가 전체적으로 늘 깨어 있게 된다.

4. 원예치료의 정의

(1) 각국의 원예치료에 대한 정의

1900년대 초 메닝거(Menninger) 재단은 정신질환자를 대상으로 실시한 정원활동을 최초의 원예치료로 정의하였다. 최초의 원예치료사로 알려진 레아 맥캔드리스(Rhea McCandliss)로부터 원예치료가 무엇인가라는 질문을 받았을 때 칼 메닝거(Karl Menninger)는 "환자들에게서 눈가리개를 떼어내서 더 넓은 지평을 볼 수 있게 해주는 것", "개개인이 흙에 가까이, 자연에 가까이, 아름다움에 가까이, 성장과 발달의 신비에 가까이 갈 수 있도록 이끌어주는 것"이라고 하였다. 미국원예치료협회(American Horticultural Therapy Association, AHTA)는 "원예치료란 특정한 치료적 목적을 달성하기 위하여 정원 가꾸기와 관련된 활동에 참여하는 것으로, 훈련받은 치료사에 의해 진행된다"고 정의하면서, 원예치료의 활동 범위, 대상자의 참여 및 전문가로서의 역량을 강조하였다.

이와 관련해 각국의 원예치료에 대한 정의를 살펴보면 아래와 같다.

1) 미국의 원예치료의 정의

원예치료는 식물, 정원 활동 그리고 자연에 대해 우리 모두가 느끼는 타고난 친밀감을 이용해 치료와 재활 프로그램을 전문적으로 수행하는 과정이다.

2) 유럽의 원예치료의 정의

원예치료는 식물과 자연을 활용하여 원예치료에 참여하는 개인의 사회적, 영적, 육체적, 정신적인 안녕(wellbeing)을 개선하는 것이다.

3) 일본의 원예치료의 정의

원예치료는 원예활동이 지닌 특성을 고령자, 장애인, 사회적으로 불리한 처지에 처해 있는 사람들의 심신의 물리치료 혹은 사회복귀, 살아갈 힘 등을 회복시키는 데 도움이 되게 하는 치료법이다.

(2) 우리나라의 원예치료 정의

한국원예치료복지협회에 의하면 원예치료는 "식물을 대상으로 하는 인간의 다양한 원예활동을 통하여 사회적, 교육적, 심리적 혹은 신체적 적응력을 기르고 이로 말미암아 육체적 재활과 정신적 회복을 추구하는 전반적인 활동을 의미하는 것으로, 식물 및 원예활동을 매체로 한 전문적인 기술과 방법을 통하여 심신의 치료와 재활, 그리고 녹색의 쾌적성 및 환경 회복을 얻고자 하는 것"이라고 정의하며 전반적 삶의 질 향상에 초점을 맞추어 넓은 의미의 원예치료로 설명하고 있다.

국내의 원예치료 프로그램의 유형, 소재 선택의 특징 등을 고려할 때 반드시 살아 있는 식물을 사용한 원예활동이 도구가 되어야 한다는 것에서 원예와 관련된 다양한 소재를 활용하는 것을 원예활동으로 허용한다면 원예치료의 범위를 더욱 넓게 잡을 수 있다.

5. 원예치료의 역사

(1) 원예치료의 발전 단계

식물을 활용한 치료 효과는 정신병에 관한 학문이 과학으로 인정되기 전부터 발달하였다. 고대 이집트인들은 환자가 정원에서 거닐거나 산책하도록 함으로써 치료 효과를 얻었고, 서구에서는 18세기 말부터 원예치료 방식이 더욱 구체화되기 시작했다. 원예치료는 주로 미국과 유럽을 중심으로 한 선진국들에서 실시되어왔으며 현재는 우리나라도 매우 활발하게 실시되고 있다.

〈표 2-3〉 **원예치료의 발전 단계**

단계	시기	내용
초기	18세기~2차 세계대전 전	- 주로 정신질환자 시설에서 시작된 원예활동이 치료에 효과가 있음을 인식했다.
변혁기	2차 세계대전 후~1980년	- 세계대전으로 인한 상이군인의 재활 혹은 직업훈련의 일환으로 원예가 도입되어 원예치료가 부각되고, 대학에서 원예치료사 강좌가 개설되었다. - 원예치료의 촉진과 치료사 양성을 목적으로 전문 기관이 발족되었다.
성장기	1980년 이후	- 미국원예치료협회(AHTA)가 결성되었다. - 원예치료사 자격 심사 기준이 마련되었다. - 관계 문헌 및 도서 출판이 이루어졌다. - 대학 내 교육프로그램이 개발되었다. - 일본에서 사회원예가 채택되었다. - 한국원예치료협회(KHTA)가 발족되었다.

(2) 미국의 원예치료

원예치료가 현대화되기 시작한 것은 미국에서부터이다. 미국에는 미국원예치료협회 이외에 인간식물위원회(People-Plant Council, PPC), 미국조경협회, 미국공원협회, 원예과학학회 등의 관련 조직이 있다. 미국에서 원예치료의 역사는 오래되었고, 최근에는 유망한 직업으로 떠오르고 있다. 미국 원예치료의 주요 역사를 살펴보면 다음과 같다.

- 1798 필라델피아의 벤자민 리쉬(Benjamin Rush) 교수가 흙을 만지는 것이 정신질환자에게 치료효과가 있다고 발표
- 1878 미시간 주의 퐁탁(Pontac) 주립병원에서 농경작업을 정신치료의 한 과목으로 다룸.
- 1879 펜실베이니아 주의 프렌즈정신병원에서 환자 치료를 목적으로 유리온실을 건립
- 1955 미시간 주립대학에서 원예치료학사 학위를 수여
- 1959 뉴욕대학 메디컬센터가 후유증 환자를 위한 온실을 건축하여 신체 장애인을 위한 원예치료에 이용함으로써 원예치료의 새로운 국면을 맞이함
- 1960 여러 대학에서 원예치료 강의를 개설
- 1971 캔자스 주립대학 대학원에서 원예치료 교육 실시
- 1973 메릴랜드에서 '원예를 통한 치료와 재활을 위한 전국협의회(NCTRH)'를 결성
- 1987 미국원예치료협회 발족

(3) 유럽의 원예치료

영국, 스코틀랜드, 스페인 등의 병원에서 정신질환자들을 대상으로 한 원예치료 실험이 시행되었고, 이후 1936년에 영국에서 설립된 직업치료사협회(Association of Occupation Therapist)가 정식으로 신체적, 정신적 장애를 위한 특수치료로서 원예치료의 이용성을 알려 치료도구로서 원예활동의 중요성이 알려져 왔다. 영국의 원예

치료의 주요 역사를 살펴보면 다음과 같다.

- 1699 영국의 레오나드 메거(Leonard Maeger)는 “여가시간이 있다면 정원에 나가 땅을 파거나 풀을 베어라. 이것처럼 건강을 유지하는 데 좋은 방법은 없다”고 보고
- 1806 스페인 정신질환자에 대한 농경활동의 효과를 인정한다는 기록이 있음.
- 1800 초 북 스코틀랜드의 의사 그레고리(Gregory)가 농장일이 정신병 치유에 뚜렷한 효과가 있다고 보고
- 1856 영국의 도싯(Dorset) 구호원은 환자가 늘 기분이 좋고 사는 보람을 느끼도록 원예활동 권장
- 1930 영국에서는 장애인에 대한 수용시설과 치료에 관한 법을 만들어 정신병 환자를 병원 농원에서 작업시킴
- 1960 옥스퍼드 너필드(Nuffield) 정형외과센터에서 신체장애인을 위한 정원치료 프로그램 실시
- 1968 정신장애 아동을 위한 국민협회가 지방자치단체의 후원으로 장애아동을 2년간 실습농장에서 생활하게 하여 사회적응 과정 이수
- 1978 원예치료 및 농업훈련협회 탄생(정신박약자, 시청각장애인, 운동기능 장애인, 죄수, 마약중독자, 고령자 등에게 원예치료를 광범위하게 활용)

(4) 일본, 캐나다의 원예치료

일본에서는 원예복지에 대한 관심이 증대되면서 2001년에 ‘일본원예복지보급협회’가 결성되어 매년 전국대회를 개최하고 있다. 특히 지자체를 중심으로 원예복지에 관한 관심이 폭발적으로 증가하고 있고, 농림수산성에서 원예치료 보급을 위한 예산을 책정하기도 하였다.

일본은 1970년대 후반에서 1980년대 초반에 이르는 기간에 임대농원의 증가, 베란다 원예의 번성, 종묘상의 매출 증가, 원예 관련 잡지의 판매부수 증가 등 원예에 대한 붐이 일어나기 시작했다. 하지만 원예학계에서는 이러한 현상을 원예학의 한

분야로 인정하지 않다가 1980년대 후반에 들어서야 인간생활과 사회발전에서 원예의 역할을 인정하기 시작하였고, 1997년도에 농림수산성에서 처음으로 '사회원예'라는 용어를 채택하였다.

캐나다에서는 1987년에 캐나다원예치료협회(CATA)가 창립되어 소식지를 발간하고 있고, 브리티시 콜롬비아, 토론토, 오타와 등에 지부가 있으며, 1883년에 설립된 홈우드헬스센터 등 여러 정신병원에서 원예치료를 실시하고 있다.

(5) 우리나라의 원예치료

우리나라에 원예치료가 처음 소개된 것은 1980년대 초였지만 일반인들에게는 거의 알려지지 못한 실정이었다. 1988년 장애인 올림픽 이후로 장애인의 시설과 특수학교 등에서 원예를 직업교육의 목적으로 도입하면서 관심이 날로 늘었다. 일부 병원에서 치료 · 재활의 목적으로 원예치료를 도입한 것은 1990년대에 들어서면서부터이다.

1997년 11월에는 "한국원예치료연구회"가 결성되어서 본격적으로 원예치료에 대한 보급과 연구가 활성화되었다. 1999년에는 한국원예치료협회KHTA)로 명칭을 바꾸었고, 2007년 2월에는 다시 한국원예치료복지협회로 개칭되어 오늘에 이르고 있다.

한국원예치료복지협회는 식물과 원예 활동에 기초하여 인간과 환경에 미치는 영향을 연구함으로써 원예치료의 학문적 이론을 정립하고, 원예치료 프로그램을 개발하여 장애인의 치료, 재활을 도울 뿐만 아니라 녹색의 쾌적성(green amenity) 및 환경회복에 이바지함으로써 궁극적으로 인간의 삶의 질 향상에 기여함을 목적으로 2001년 6월 9일 창립되었다. 2001년 5월에는 한국인간식물환경학회와 상호교류협약을 통하여 협회에서는 원예치료사 양성과 자격 수여 및 프로그램 연구와 홍보 활동을 하고 있으며, 원예치료 관련 논문 발표와 학회지 발간 등의 업무를 수행하고 있다.

2010년 2월 농촌진흥청으로부터 사단법인 설립 인가를 받아 원예치료사의 위상 제고와 복지 증진을 위해 노력을 하고 있으며, 2011년도부터는 농림수산부 국고 지원을 받아 원예치료 보급사업을 추진하고 있다. 한편 전국의 각 대학에 도시원예, 사회원예, 원예치료 등의 과목이 개설되고 농업계 고등학교 교과서에 원예치료가 소개되었으며, 한국방송통신대학교 농학과에서도 원예치료를 강의하고 있다.

1) 협회(www.khta.or.kr) 연혁

1997. 11.15	한국원예치료 연구회 발족
1997. 12~현재	매월 원예치료 워크숍 개최
1998. 2. 28	제1회 학술 심포지엄 개최
1998. 9~현재	매월 한국원예치료협회 소식지(New letter) 발간
1999. 3.	건국대학교 사회교육원 원예치료 초급과정 개설
2000. 3.	건국대학교 사회교육원 원예치료 중급과정 개설
2000. 3.	단국대학교 평생교육원(천안) 원예치료사 양성과정 개설
2000. 5 20	제3회 학술 심포지엄 개최(최초 원예치료사 자격 수여)
2001. 5.	한국 식물 · 인간 · 환경학회와 상호교류 협약
2001. 6. 9.	한국원예치료협회 창립총회 개최(손기철 회장 취임)
2002. 2. 22	정기총회 및 원예치료사 자격 수여(최초 1급 자격 수여)
2002. 5. 22	협회 창립 1주년 기념특강(미국 캔사스 주립대학 매슨 교수)
2006. 8. 12.	원예치료 국제 심포지엄 개최
2007. 2. 24.	한국원예치료복지협회로 명칭 변경
2008. 2. 28.	협회 정기총회(서정근 회장 취임)
2008. 9. 1.	한국원예치료연합회와 통합
2010. 2.18.	사단법인 한국원예치료복지협회 설립허가(농촌진흥청)
2010. 9.1	단국대학교 평생교육원(죽전) 원예치료사 양성과정 개설
2011. 2. 19	협회 정기총회(한동휴 회장 취임)

2011. 9.	건국대학교 농축대학원 원예치료 심화과정 개설
2014. 2. 19	협회 정기총회 (조원근 회장 취임)
2014. 3	원예치료 수퍼비전 제도 시행
2016.	국제심포지엄 개최(9개국 참가)
2017. 2.	협회 정기총회(박천호 회장 취임)
2017. 3.	전국 16개 지회 설립 운영

제3장
원예치료의 이론적 기반과 원리 및 치료적 요인

1. 원예치료의 이론적 기반

원예치료의 이론적 기반은 원예와 인간에 대한 깊은 통찰에서부터 시작된다. 렐프(Relf)는 자신의 논문인 「인간의 행복과 삶의 질에 미치는 원예의 역할」에서 1. 식물에 대한 인간의 신체적 의존도, 2. 식물에 대한 정신병리적 반응, 3. 식물 속에서 생명돌보기, 4. 사회적 상호작용과 식물의 기본적 이론을 설명했다. 또한 카플란(Kaplan)은 1990년대 말에 벗어나기, 확장, 흥미, 적합성과 같은 개념들을 발표하였으며 '인간과 식물' 또는 '식물과 자연환경' 사이의 다양한 관계에 대한 원예치료의 근간이 될 수 있는 이론적 입지를 마련하기 시작하였다. 맷슨(Mattson, 2002)은 '연속체(continuum)'라는 개념에서 ① 신체, 정신에서부터 영혼까지의 경험 ② 개인에서 집단까지의 사회적 상호작용의 경험 ③ 무작위 탐색에서 통제된 행동까지의 경험 ④ 단순한 욕구들에서 복잡한 다양성까지의 경험이라는 개념들을 정원 활동 또는 치료적 도구로써의 식물의 역할에 초점을 맞추어 설명하였다.

원예치료를 위한 원예활동 혹은 정원활동의 주체는 인간이다. 인간은 다양한 발달과정을 통해 성장한다. 이와 같은 성장과정을 이해하는 것은 인간과 식물의 생명주기를 평행적 주제로 인식하는 데 매우 필요한 요소이다. 따라서 사회적 상호작용의 중요성을 강조하는 에릭슨의 심리사회적 이론과 인간이 성장함에 따라 인지적 능력 또한 발달한다는 피아제의 인지발달이론, 그리고 인간의 원초적 심성에 대한 이해를 돕기 위한 프로이드의 정신분석이론, 인간은 개인적 발달을 위한 엄청난 잠재력을 지니고 있으며 기본적으로는 선하고, 자아실현을 위해 노력하는 존재라는 매슬로우의 자아실현이론은 인간이 원예활동을 치료적 도구로 활용할 때 도움이 되는 이론들이다. 이들을 구체적으로 설명하면 다음과 같다.

(1) 에릭슨의 심리사회적 이론

에릭슨(Erikson, 1902~1994)은 인간의 발달을 8단계로 나누고 각 단계별로 극복해야 할 위기와 발달과업을 제시한 뒤 발달과업의 성취 여부에 따라 '신뢰감 대 불신감', '자율성 대 수치심' 등의 양극의 개념으로 설명하였다.

1) **제1단계**(0～1.5**세**) : **신뢰감 대 불신감**

이 시기에는 세상을 안전하고 믿을 수 있는 곳이라고 생각하는 기본적인 신뢰감이 형성된다. 이 시기의 가장 기본적인 관계는 주 양육자(어머니 역할을 하는 사람)와의 관계이고, 이 관계가 생의 의욕과 긍정적인 인간관계 및 세계관을 기르는 데 기초가 된다.

2) **제2단계**(1.5～3**세**) : **자율성 대 수치심**

이 시기에는 부모에 대한 신뢰감을 형성하고 자신의 욕구를 처리하는 데 필요한 자율감을 발달시키게 된다. 이것은 독립심과 존중감을 기르는 데 기초가 되며, 이를 위해서는 적절한 감독과 제재가 필요하다. 하지만 지나친 감독, 과잉보호, 통제 상황에서는 수치심과 자기회의에 빠지기도 한다. 예를 들어, 배변 훈련은 '확신감'

을 얻기 위한 중요한 과업이다. 유아가 이 과정에서 지지와 격려를 받고 칭찬을 받는다면, 잠재적으로 확신에 차고 독립적인 인간으로 성장하게 된다. 그러나 부모가 너무 요구적이어서 과도하게 비판하거나 이 때문에 유아가 실패의 경험을 많이 하게 되면 자율성이 줄어들고 부끄러움을 많이 타게 된다.

3) 제3단계(3~6세) : 주도성 대 죄책감

이 시기에 아동은 자신의 동성 부모에 대한 경쟁심을 성공적으로 해결하고 자신의 에너지를 그 외의 다른 활동에 사용해야 하며, 다른 또래 아동들과 놀이를 통해 주도성과 능력을 개발해야 한다. 그렇지 못할 경우 이성 부모에 대해 환상을 갖는 것에 대해 죄책감을 느끼게 되고, 적극적으로 관계를 형성하는 능력을 기를 수 없게 된다.

4) 제4단계(6~12세) : 근면성 대 열등감

이 시기는 학령기로 인지 및 사회적 기술을 확보하고 의미 있는 활동을 수행하는 데 열중하는 것이 중심 과업이다. 이러한 기술을 개발한 아동은 근면성이 높아지지만 그렇지 못한 아동은 부적합성과 열등감을 느끼게 된다. 또한 이 단계의 위기를 잘 극복하면 자신의 능력에 대한 자부심을 갖게 되지만, 그렇지 못하면 사고와 행동에 타성이 붙어 생산적인 작업을 하지 못하게 된다.

5) 제5단계(청소년기) : 정체감 대 정체감 혼미

이 시기는 청소년기로 삶의 의미와 목적에 새롭게 직면하게 되고, 미래의 목적을 독립적으로 설정하기 시작한다. 즉 이 시기에는 자신이 누구이고 무엇을 할 계획인지에 대해 책임감을 갖고 독립적으로 처리해야 한다는 것을 스스로 인식하기 시작한다. 이러한 과정 없이는 긍정적인 자아정체감을 형성하기가 어렵고 성인기에도 책임감 있는 의사결정을 하는 데 어려움을 느끼게 된다.

6) 제6단계(청년기) : 친밀감 대 고립감

이 시기는 성인기에 막 접어든 시기로, 다른 사람들과 함께 일하고 친밀한 애착을 형성하는 것을 배우게 된다. 사람들은 이때 적극적으로 사회생활을 시작하며 주도적으로 관계를 맺고 친밀한 관계를 형성해나간다. 그러나 이 시기에 협력적이고 친밀한 상호작용을 하지 못하면 고립감을 초래하게 될 수 있다.

7) 제7단계(장년기) : 생산성 대 침체성

이 시기는 장년기로 자기 자신에 대한 책임을 넘어 다른 사람을 돕는 책임을 맡게 되는 단계이다. 다른 사람의 성장과 개발을 돕고 그 과정에서 자신을 지속적으로 성숙시킨다. 이 시기에 이러한 책임감을 발달시키지 못하면 스스로 침체되고, 다른 사람의 성장에 기여하면서 얻게 되는 활력 넘치는 감정을 놓치게 된다. 여기서 침체된다는 것은 자기 자신에게만 관심을 갖는 이기주의에 빠지는 것을 뜻한다.

8) 제8단계(노년기) : 통합성 대 절망감

이 시기는 노년기로 죽음에 직면할 때까지 어떻게 통합감을 유지하면서 살아갈 것인지가 주요 과제이다. 통합감이란 자신의 삶이 생산적이었다고 느끼고 후회가 남지 않는다고 받아들이는 감정이다. 이런 지혜는 각 단계를 성공적으로 해결해온 사람들만이 가질 수 있는 덕목이다.

반면 절망감은 자신의 생의 목적을 성취하지 못하고, 자신의 인생에서 의미를 찾을 수 없고, 다시 한 번 기회가 왔으면 하고 후회하는 사람들이 주로 갖는 감정이다. 이들은 자신의 삶이 가치 있는 일에 기여하지 못했다고 느끼고 나머지 삶에서도 의미를 찾지 못하는 데 대한 두려움을 가지고 있다.

(2) 피아제의 인지발달이론

피아제(Piaget, 1896~1980)의 인지발달이론은 인간이 외부세계를 이해하기 위해 어떻게 정보를 수집해가고 그것을 도식해가는지를 정립한 이론이다. 피아제는 사물이나 사건 또는 사실에 대한 전체적인 윤곽이나 개념을 '도식(scheme)', 환경 속의 새로운 자극을 이미 학습되어 있는 기존의 인지구조 또는 도식에 의해 해석하는 과정을 '동화', 새로운 자극을 동화해내는 데 적합한 인지구조가 없을 때 기존의 도식을 수정하거나 새로운 도식을 만드는 과정을 '조절'이라고 정의하였다. 또 동화와 조절 간의 인지적 균형을 유지하도록 하는 것인 '평형화'와 새롭게 접하는 정보를 자신의 인지구조에 맞게 이해하는 것을 '적응'에 대해 설명하였다.

피아제는 아동의 인지발달 단계를 감각운동기(출생~2세), 전조작기(2~7세), 구체적 조작기(7~11세), 형식적 조작기(11세 이후)로 나누었으며, 개인에 따라 속도는 다를 수 있지만 정해진 단계를 순서대로 거쳐 가고, 각각의 단계는 이전의 단계보다 질적으로 더 높은 수준이라고 보았다. 각 단계의 특성을 구체적으로 살펴보면 다음과 같다.

1) 감각운동기(0~2세)

감각운동기는 선천적인 반사활동을 보이는 출생 직후부터 초기의 유아적 언어를 나타내는 상징적 사고가 시작되는 2세경까지이다. 감각운동기의 초기에는 감각적이고 운동적인 행동도식을 통해 외부환경을 이해하고 적응해나간다. 이 시기에는 주로 빨기, 쥐기, 때리기 같은 반복적인 반사활동을 한다. 그러나 후기에는 꽤 발달된 지적 활동을 한다. 특히 후반기에는 감각운동기의 중요한 발달과제 중의 하나인 '대상 영속성' 개념을 발달한다. 대상 영속성이란, 물체가 눈에 보이지 않거나 소리가 들리지 않아도 그 물체가 존재한다는 것을 이해하는 것을 말한다.

2) 전조작기(2~7세)

전조작기에는 감각운동기와 마찬가지로 여전히 신체 경험과 감각운동적 양식으로 기능을 수행하지만, 점점 개념적, 상징적 표상을 사용하기 시작한다. 이때 아동은 사건을 점점 내적으로 표상할 수 있게 되며, 행동을 할 때 직접적 감각운동 활동에 의존하는 것에서 벗어나게 된다. 이 시기는 정신적 표상에 의한 사고는 가능하나, 아직 개념적 조작의 단계에 들어서지 못하므로 전조작단계라고 한다. 전조작기의 특징은 언어를 사용하기 시작하고, 언어능력이 발달하며, 자신의 관점과 사고가 옳다고 보는 자기중심적 관점을 갖는다는 것이다. 이 시기에는 사물을 자신의 입장에서 보기 때문에 타인의 관점을 이해하지 못한다. 또한 비논리적 사고로 직관적 사고에 의해 판단하므로 '보존' 개념을 획득하지 못한 상태이다. 상징놀이를 즐기기 시작하고, 모든 사물에 생명이 있고 감정이 있다고 믿는 물활론도 이 시기의 특징이다.

3) 구체적 조작기(7~11세)

구체적 조작기에는 논리적 조작이 발달한다. 즉, 전조작기에는 할 수 없었던 논리적 사고를 발달시키는 것이다. 이 시기에는 자기중심적인 틀을 벗어나 협동심이 발달하게 되므로 사회적 존재가 무엇인지 깨닫게 된다. 그러나 이때의 논리적 조작(사고)은 현실에 존재하는 것에 한정되고, 보고 들어야(실제적이고 관찰이 가능한 것) 인지가 발달하는 정도이기에 구체적 조작기라고 한다. 구체적 조작기에는 서열화, 분류, 인과성, 시간, 공간, 속도 등의 개념들이 발달하게 된다.

구체적 조작기의 가장 큰 특징은 '보존' 개념을 갖게 된다는 것이다. 보존 개념이란 동일한 양을 가진 두 물질은 모양이 변해도 여전히 같다는 것을 이해하는 능력으로, 구체적 조작기가 되면 이 개념을 깨닫게 된다.

4) 형식적 조작기(11세 이후)

피아제는 이 시기를 인지 발달의 절정으로 보고 있다. 이 시기에는 추상적인 사고가 가능해진다. 추상적인 사고란, 구체적인 자료가 없어도 추상적으로 추론하고 생각하는 것으로, 융통성, 효율적인 사고, 복잡한 추리 등을 포함한다. 그러므로 이 시기에는 논리적 조작에 필요한 모든 종류의 문제를 해결할 수 있는 능력을 획득하게 된다.

(3) 프로이드의 정신분석이론

1) 성격의 구조적 모형

프로이드(Freud, 1856~1939)는 인간의 성격을 원초아(id), 자아(ego), 초자아(superego)로 나누고, 각각의 개념이 독특한 기능, 특성, 구성요소, 작용원리 및 기제들을 갖고 있으며, 서로 아주 밀접하게 관련되어 있다고 보았다. 또한 프로이드는 행복이란 이러한 요소들의 상호작용의 결과라고 설명하였다.

① 원초아

원초아(id)는 무의식의 대부분을 차지하며 성격의 기초가 되는 부분으로, 성격의 가장 원시적인 요소이다. 원초아는 자아와 초자아가 분화되어 나오는 모체이며 정신 에너지와 기본 욕구들의 저장소이다. 또한 자아와 초자아의 작용에 필요한 힘을 공급한다. 또한 원초아는 본능이 생길 때 즉각적으로 만족시키려 하는 경향이 있는데, 이를 '쾌락의 원리(pleasure principle)'라고 한다.

② 자아

자아(ego)는 생후 4~6개월부터 발달하며, 원초아로부터 분화된 것이다. 자아의 주요한 역할은 유기체의 본능적 욕구와 주위 환경의 상태를 조정하는 것이다. 자아는 행동을 통제하며, 원초아, 자아, 초자아가 하나의 협동체로서 작용할 수 있도록 하며, '현실 원리(reality principle)'에 따라 본능적 욕구를 현실에 맞추어 조정하고 통제하는 역할을 한다.

③ 초자아

초자아(superego)는 3~5세 사이에 발달하며, 성격의 도덕적 측면을 담당한다. 초자아는 현실보다는 이상을 나타내며, 쾌락보다는 자기통제와 완전성에 무게를 둔다. 즉, 초자아는 '도덕성의 원리(morality principle)'에 기반을 둔다. 부모는 아동에게 처벌과 보상을 하게 되는데, 처벌에 의해 죄책감이 형성되고 양심이 생기며, 보상에 의해 자부심이 생겨 자아이상(ego-ideal)이 형성된다.

2) 성격의 지형학적 모형

프로이드는 성격을 이해하기 위해 마음의 구조를 '빙산'에 비유하여 설명하였다. 그리고 정신의 깊이에 따라 의식, 전의식, 무의식으로 나누었다.

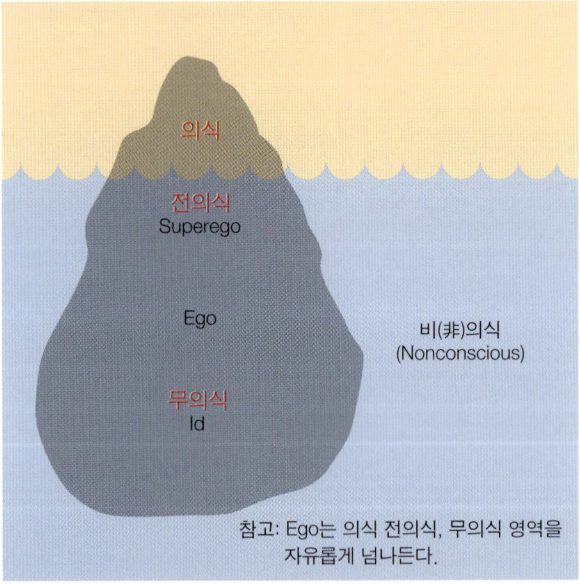

프로이드의 인간정신 구조의 개념(빙산의 비유)

3) 심리 · 성적 발달단계

프로이드는 인간의 발달은 원초아, 자아, 초자아의 발달이라는 일련의 단계를 거친다고 보았다. 또한 이 일련의 단계를 '심리 · 성적 단계'라 하며, 구강기, 항문기, 남근기, 잠복기, 성기기로 구분하였다.

프로이드에 따르면 인간의 성격 발달은 크게 삶의 본능(eros)과 죽음의 본능(thanatos)에 의해 이루어진다. 여기서 삶의 본능은 주로 성욕으로 구성되어 있고, 죽음의 본능은 공격욕으로 구성되어 있다. 삶의 본능의 심리적 에너지인 리비도(libido)가 집중되는 부위(성감대)는 연령에 따라 달라지는데, 이렇게 연령에 따른 성감대의 변화가 성격의 발달을 결정한다. 각 단계별로 성격이 형성되는 과정에서 리비도가 정상적으로 만족되면 정상적인 성격이, 리비도가 만족되지 않거나 비정상적으로 만족되면 '이상 성격'이 형성되거나, 다음 단계로 넘어가지 못하는 '고착'이 나타난다.

프로이드는 사람의 성격은 5세까지 거의 다 형성되며 그 후의 성장은 초기의 기본적인 구조가 마무리되는 과정이라고 보았다. 또한 프로이드는 자아가 합리적인 방법으로 자신이 느끼는 불안감을 해결하지 못할 때, 자신이 의식하지 못하는 가운데 비현실적인 방법으로 불안감을 제거하려고 하는 무의식적인 심리적 기제가 나타난다고 하였다. 이를 방어기제라고 한다. 대표적인 방어기제들은 다음과 같다.

① 동일시

부모, 형, 그리고 주변의 중요한 인물들의 태도와 행동을 닮는 것을 말한다.

② 억압

1차적 방어기제로서, 의식에서 용납하기 어려운 생각, 욕망, 충동 등 무의식적 욕구나 그로 인한 불안을 무의식 속에 머물도록 눌러놓는 것을 말한다. 특히 죄책감, 수치심 또는 자존심을 상하게 하는 경험이 억압의 대상이 된다.

③ 반동 형성

자신의 무의식적 욕구나 불안과는 정반대로 행동하도록 하는 것을 말한다. 겉으로 드러나는 태도나 언행이 마음속의 욕구나 생각과 정반대로 나타나게 하는 것인데, '미운 놈 떡 하나 더 준다'는 속담이 이에 해당한다.

④ 퇴행

현재 상황에서 자신의 무의식적 욕구를 만족시키기 어려운 경우, 즉 심한 스트레스나 좌절을 겪을 때에 자신의 욕구가 만족되었던 과거 시기로 돌아가 그때의 행동을 보이는 것을 말한다. 이는 일종의 후퇴이다.

⑤ 취소

스스로 용납할 수 없는 행동을 한 뒤 죄책감을 느끼거나 상처입지 않기 위해 자신의 행위를 무효화하는 것을 말한다. 순간적으로 화가 난 엄마가 아이를 때린 뒤, 바로 "엄마가 잘못했어. 미안해" 하고 말하는 행동이 이에 해당한다.

⑥ 투사

용납할 수 없는 자신의 무의식적 본능이나 불안 또는 실패 등의 이유를 다른 사람에게서 찾거나 다른 사람이 그런 욕구를 가지고 있다고 생각하는 것을 말한다. 투사는 관계망상이나 피해망상을 불러일으킬 수 있다. '부처의 눈에는 부처만 보이고, 돼지의 눈에는 돼지만 보인다'는 속담이 이에 해당한다.

⑦ 승화

가장 성숙한 방어기제로, 자신의 무의식적 본능이나 에너지 등을 사회나 현실에서 용인되는 방식, 즉 개인의 발전과 사회발전에 긍정적으로 기여하는 방식으로 바꾸는 것을 말한다. 예를 들면, 성적 본능이 강한 사람이 누드작가가 되는 것이 있다.

⑧ 합리화

자신의 언행에 숨어 있는 무의식적인 충동이나 불안 또는 자존심의 상실을 우려하며 그럴 듯한 설명이나 이유를 대는 것을 말한다. '핑계 없는 무덤 없다'는 속담이나 '여우와 신포도 이야기'가 좋은 예이다.

⑨ 부정

자신에게 불쾌한 어떤 생각이나 충동 등 고통스럽거나 받아들이기 힘든 일을 현실로 인정하지 않음으로써 자신을 방어하는 것을 말한다. 암 선고를 받은 환자가 자신이 암에 걸린 사실을 부정하는 것 등이 이에 해당한다.

⑩ 보상

실제적인 것이든 상상하는 것이든 심리적인 측면에서 자신에게 부족한 것이나 결함을 다른 것으로 보상받기 위해 자신의 강점을 지나치게 강조하는 것을 말한다.

(4) 매슬로우의 자아실현이론

매슬로우(Maslow, 1908~1970)는 인간은 개인적 발달을 위한 잠재력을 지니고 있으며, 기본적으로는 선하고, 자아실현을 위해 노력하는 존재라고 믿었다. 또한 그는 자아실현 동기가 사람의 삶을 지배하기까지 몇 개의 욕구단계를 거친다고 하였다. 이때 각 단계의 욕구에 의해 인간이 동기화되며, 각 단계에서 기본적인 욕구를 충족시키고 나면 다음 수준의 욕구를 만족시키고자 하는데, 이 과정은 가장 높은 자아실현 욕구의 단계에 도달할 때까지 계속된다고 하였다.

매슬로우에 따르면 사람은 각 단계에서 욕구가 충분히 충족되어야 다음 단계의 욕구를 갖게 된다고 한다. 또한 건강하게 발달하는 사람은 항상 '자기 충족적인 단계'로 나아가려는 욕구를 가지고 있다고 한다. 여기서는 매슬로우의 이론을 원예치료에 적용하여 그 효과에 대해서 살펴보고자 한다.

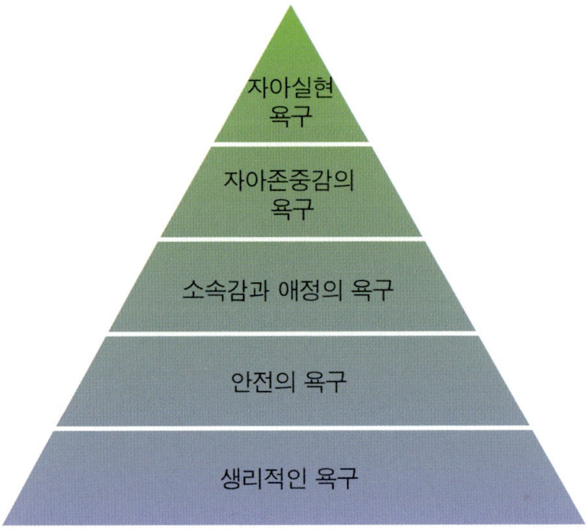

매슬로우의 욕구 위계 구조

1) **생리적인 욕구**

생리적 욕구는 모든 욕구 중에 가장 강한 욕구로, 공기, 음식, 음료, 휴식 등 신체 내 균형을 획득하고 생존에 필수불가결한 요소들을 충족하고자 하는 욕구이다.

원예치료에 적용 : 1단계—정원은 신선한 공기, 밝은 햇빛, 신선하고 영양소가 골고루 들어 있는 음식물을 제공한다.

2) **안전의 욕구**

안전의 욕구는 공포, 위험, 고통으로부터 벗어남으로써 안정감과 질서 안에서의 자유를 추구하려는 욕구이다.

원예치료에 적용 : 2단계—정원은 심리적으로 긴장을 완화시켜 스트레스를 경감시키는 역할을 제공한다. 이와 관련해 녹색 식물이 사람의 뇌에 직접적 영향을 준다는 연구 결과가 있다.

3) 소속감과 애정의 욕구

소속감과 애정의 욕구는 여러 사람과 어울리고, 어떤 집단 속에 속하며, 타인과 애정을 나누고 친밀감을 추구하고자 하는 욕구이다.

원예치료에 적용 : 3단계—정원활동을 통하여 다른 사람과 경험을 나누고 서로 책임감과 필요성을 느낀다. 식물을 포함하는 자연환경은 다른 사람과의 관계 맺기에 적합한 역할을 한다.

4) 자아 존중감의 욕구

자아 존중감의 욕구는 타인에 대하여 관심을 갖고 존중하며, 또한 타인으로부터 자신도 가치 있는 사람이라고 존중받고 싶어 하는 욕구이다.

원예치료에 적용 : 4단계—정원은 개인적인 목표를 성취하는 것을 돕고, 일에 대한 피드백을 제공한다. 식물을 다루는 경험은 타인과 자신에 대한 존중감의 욕구를 충족시키는 좋은 도구가 될 수 있다.

5) 자아실현의 욕구

자아실현의 욕구는 자신의 잠재력을 발현시키기 위하여 자신의 강점과 제한점을 수용하며 독립적이고 자발적인 사람이 되고자 하는 욕구이다.

원예치료에 적용 : 5단계—정원활동을 통하여 자연 속에서 벌어지는 다양한 사건과 순환을 경험하고 이해하는 지각을 갖게 된다. 살아 있는 식물을 다루는 경험을 통하여 인생의 과정을 이해할 수 있다.

2. 원예치료의 원리

원예치료의 구조적 원리는 찰스 루이스(Charles Lewis), 레이첼 카플란(Rachel Kaplan) 등의 이론을 바탕으로 렐프(Diane Relf) 박사가 재정립한 상호작용, 활동, 반응을 통해 이해할 수 있다. 이에 대해 구체적으로 살펴보자.

(1) 상호작용

식물은 비위협적이고 비차별적인 특징을 갖고 있어서 인간의 긴장과 분노를 감소시키는 역할을 하고, 타인에 대한 수용력 및 연관성을 높여준다. 또한 원예 현장은 다른 사람들과 더 쉽게 관계를 맺을 수 있는 분위기를 조성하여준다. 따라서 집단 원예치료 프로그램은 다른 사람들과 자연스럽게 상호작용하며 활동할 수 있는 기회를 제공함으로써 집단 환경에서 정서적으로 성장할 수 있는 기회를 제공하여준다.

'상호작용'의 형태는 치료사와 대상자, 대상자와 대상자, 대상자와 비대상자의 형태로 나타나며 이러한 상호작용은 원예치료 과정 동안 무제한적으로 일어날 수 있다. 이는 대상자에게 새로운 관계를 찾아낼 기회가 주어졌을 때 자연스럽게 이루어지며, 의도한 목적에 도달하기 위하여 치료사가 잘 이끌 때 더 구조화되어 나타난다.

1) **치료사와 대상자**

치료사는 주도적으로 원예치료 프로그램을 진행하고 이끌어가는 핵심적인 역할을 한다. 치료사와 대상자 간의 관계는 원예치료 프로그램에서 라포(rapport) 형성을 이루어내야 하는 상호적 관계이며, 원예치료 시 대상자는 치료사에 대해 대개 미소, 질문 및 신체적 접촉 등의 언어적 및 비언어적 의사소통을 통해 반응한다.

맷슨(Mattson)은 원예치료 프로그램을 초기, 수용, 치유, 성장 및 발달, 비참여의 단계로 나누고 이에 따라 치료사의 역할을 설명하였다. 그는 치료사의 적절한 역할에 따라 대상자와의 치료관계가 형성되는 것을 '원예치료 나선형 모델'을 통해 설명하였다.

2) 대상자와 대상자

원예치료에 참여하는 대상자는 원예활동을 통하여 다른 대상자들과의 관계를 형성하게 된다. 대개 원예활동을 통해서 대인관계 능력의 대표적인 징후라고 볼 수 있는 의사소통 수준, 대상자 간의 우정이나 파트너십 등과 같은 역할관계, 집단활동 등에 대한 참가태도나 의욕 등의 변화를 관찰할 수 있다.

이러한 대상자 간의 상호작용을 중시하는 원예치료 프로그램을 계획할 경우에는, 로제리안 형태(rogerian type)로 불리는 대상자 중심의 치료방식을 채택하는 것이 적합하다. 이는 치료사의 참여와 흥미, 관심, 능력에 따라 흥미를 유발시키고, 관심을 높여 참여를 이끌어내는 것을 주목적으로 한다. 이때 가장 중요한 것은 대상자의 선호도를 가장 우선시해야 하고, 치료사는 보조적 역할을 수행해야 한다는 것이다. 또한 치료사의 대상자에 대한 감정이입과 공감이 중요하다. 이를 통해 대상자의 원예활동에 대한 몰입이나 긍정적 자세 및 치료에 대한 적극적 자세를 유도할 수 있고, 고립되거나 소외된 대상자가 없도록 배려할 수 있다.

3) 대상자와 비대상자

비대상자란 활동에 참여하지 않지만 대상자와 밀접한 관계를 맺고 있는 치료사를 제외한 주변인을 말한다. 대개 대상자를 담당하고 있는 의료진이나 스텝, 간병인 등에서부터 가족이나 절친한 주변인들을 포함한다. 원예치료 시 변화가 나타날 수 있는 대상자의 비대상자에 대한 반응은, 비대상자에 대한 태도, 요구사항 및 신체적 접촉 등의 변화를 예로 들 수 있다.

이상에서 살펴볼 때 원예치료 프로그램 과정 중에는 다양한 상호작용이 무제한적으로 발생하며 이를 극대화시키기 위해서는 치료사와 대상자 간의 관계뿐만 아니라 다각적인 관계들을 고려해야 한다. 또한 이러한 관계들이 유기적으로 작용할 때 원예치료가 성공할 수 있다.

(2) 활동

'활동'은 식물과 함께 작업하는 능동적이고 직접적인 행위로, 원예치료의 핵심 과정이다. 원예활동의 치료적 효과는 생물학적 요인과 심리학적 요인을 통합함으로써 향상된다.

식물이 있는 공간은 주위의 분위기를 조절하는 환경 지배적인 기능을 갖고 있다. 그러므로 식물을 돌보는 양육 경험은 책임감과 독립심을 유발시키고, 이는 원예치료에서의 중요한 치료적 요소가 된다.

또한 '활동'은 창조성에도 영향을 미친다. 사람들은 꽃꽂이, 분재, 조경을 직접 해보는 과정에서 자기표현과 창조성을 표현할 기회를 가질 수 있다. 예를 들어, 삽목이나 파종을 하면서 새로운 개체를 창조한다는 의미를 강화할 수 있다. 또한 곤충, 질병, 날씨, 잡초 등의 나쁜 결과가 생겼을 때 이를 자기 생활의 실패로 인식하고 나쁜 결과를 피하기 위하여 삶을 준비할 수 있게 하는 좌절(실패)에 대한 저항력도 기를 수 있다.

한편, 원예와 자연은 걱정과 긴장에서 벗어나 강한 집중력을 경험하는 '비의도적 집중'이라는 특성이 있다. 무엇보다 활동은 신체적인 관점에서 볼 때 긍정적 영향을 미친다.

(3) 반응

'반응'은 식물을 통한 수동적 경험으로, 식물의 성장을 관찰하고 이를 통해 인생을 이해하게 되는 것을 의미한다. 즉 사람들은 원예활동이나 자연 속에서의 경험을 통해 '변화를 통한 동적인 안정성'을 체험하게 된다. 이때 식물은 인간의 지각구조가 명확하게 발전하도록 직접적이고 분명하면서도 긍정적인 반응을 이끌어낸다. 인간은 식물의 생장과 변화를 관찰함으로써 삶에 대해 배우고 삶의 다양한 양상에 대해 이해할 수 있게 되는데, 이러한 현상을 반응이라 한다.

1) 신체적 반응

카플란(1992)은 원시의 인간은 생존을 위해서 상황을 신속하게 인식하고 행동도 신속하게 결정하는 방식을 습득하였다고 밝혔다. 또한 자연조건은 인간에게 신체적인 반응을 일으키도록 하는 분명한 요소가 있다고 하였다.

한편, 울리히(1992)는 인간이 자연을 대하는 태도나 받아들이는 신체적인 반응은 주로 개인의 자연에 대한 선호도나 감정 및 신체적 조건이나 상태 등에 따라 다를 수 있다고 하였다. 즉, 자연경관이 개인에게 신체적인 치유효과를 주기 위해서는 자연에 대한 친밀감과 안정된 감정, 편안한 신체상태를 우선적으로 유지하고 있어야 한다는 것이다. 이런 조건이 충족되어야 자연을 제대로 받아들이고 감상할 여유가 생긴다는 것이다. 또한 자연에 대한 수용의 자세가 긍정적일 경우에는 각종 스트레스 지표 등의 정신생리학적인 반응들이 개선되어 궁극적으로 스트레스가 감소하고 이를 통하여 종체적 건강이 유지될 수 있다고 하였다.

울리히는 이러한 과정에 의해서 치유될 수 있는 신체적인 반응으로, 심장기 혈관계통 질병 및 각종 면역기능 관련 질병 등을 예로 들고 있다. 또한 울리히(2002)는 이러한 개념을 '자연활동과 신체적 건강간의 논리성'으로 설명하였다.

2) 심리적 반응

원예활동에 대한 심리적 반응은 대부분 긍정적인 것이다. 그 이유는 원예 자체가 다른 활동에 비하여 사람들에게 친밀도가 높기 때문이다. 따라서 원예치료 활동은 심리적으로 매우 긍정적인 피드백을 줄 수 있다.

긍정적인 피드백을 형성하는 것과 동시에 원예활동에 대한 심리적 반응이 익숙해질수록 정서적 경험도가 높아지고, 원예활동을 제공하는 것 또는 적합한 환경을 설정해주는 것은 심리적 반응에 대한 효과를 높이는 데 매우 중요한 전제조건이 될 수 있다.

행동주의 치료원리에 따르면 직접적인 행동을 통하여 긍정적인 피드백을 형성하는 것이야말로 질 높은 정서적 경험을 증가시킬 수 있고, 이는 궁극적으로 다양한 부적응 행동 처리 과정에 긍정적인 영향을 미칠 수 있다. 즉, 심리적 반응이 직접적으로 행동 처리 과정에 영향을 미칠 수 있다는 것이다.

3. 원예치료의 치료적 요인

(1) 개인과 집단에서의 치료적 요인

집단 원예치료는 코리(Corey, 1995)의 집단 발달 단계에 기초하여 시작 단계, 전환 단계, 작업 단계, 종결 단계의 4단계로 이루어지며, 집단 원예치료의 단계별 치료 요인들을 적용함으로써 대상자를 치료하고 긍정적인 변화를 이끌어낸다.

원예치료의 효과에 대해 여러 학자들이 다음과 같이 정의하고 있다. '심리치료 장면에서 개인의 치료적 변화를 일으키는 기제(Bloch와 Crouch, 1985; Yalom, 1975)', '집단과정 속에서 복잡한 상호작용을 통해 집단원의 변화나 개선이 일어나는 치유적 또는 치료적 요인(Yalom, 1975)', '집단치료사, 다른 집단구성원 그리고 집단구성원 자신의 행동이 복합적으로 작용하여 집단상담 동안에 일어나는 요소로서 집단원의 변화나 개선에 작용하는 것(Bloch and Crouch, 1985)', '집단치료 회기 내에서 대상자의 변화를 촉진하는 데 도움이 되는 메커니즘(Fuhriman and Burlingame, 1990)', '집단구성원의 치료와 변화를 이끌어내고 촉진한다는 측면에서 성장촉진 요인(전종국, 1997)', '집단치료 과정에서 집단 치료사를 포함한 집단구성원의 복합적인 상호작용 과정에서 나타나는 사건이나 역동에 의해 집단원의 인지적 · 정서적 · 행동적 개선과 변화에 도움이 되는 기제(최선남 등, 2007)' 등이 있다.

〈표 3-1〉 원예치료의 치료 요인들

시작 단계	지도, 감정적 지각-통찰, 인지적 요인
전환 단계	수용, 관계-분위기, 정서적 요인
작업 단계	대인관계 학습, 자기이해, 문제 정의 및 변화, 행동적 요인
종결 단계	대인관계 학습. 자기이해, 타인-자기중심, 기타 요인

1) 시작 단계의 치료적 요인

원예치료의 시작 단계는 치료사, 대상자, 비대상자를 소개하고, 치료사와 대상자, 대상자와 대상자, 대상자와 비대상자 간의 관계 맺기가 시작되어 신뢰감이 형성되는 단계이다. 시작 단계에서는 향후 이루어질 활동과 사용할 식물에 대해 소개하고 집단의 성격과 목적을 알려주며, 집단 원예치료 참여에 대한 동기를 부여하고, 기본규칙과 유의사항을 알려주는 등 집단을 구조화하고, 집단의 목표 및 개인의 목표를 확인하고 명료화해야 한다.

란다우(Landau, 1991)는 집단 원예치료의 시작 단계에서는 '지도'라는 치료적 요인이 사용된다고 하였다. '지도'는 집단구성원이 치료사나 다른 집단구성원에게서 지시, 지도, 제안, 명백한 충고, 일반적인 정보를 받을 때 일어난다(Bloch et al., 1979). 또한 지도는 집단구성원이나 치료사에게 참가자가 도움이 되는 말이나 충고를 들을 수 있는 것을 말한다.

한편, 키블리한(Kivlighan, 1997)은 집단 원예치료의 시작 단계에서는 '감정적 자각-통찰'의 치료적 요인이 사용된다고 하였다. '감정적 자각-통찰'은 강한 감정을 경험하면서 자각과 통찰을 하게 되는 것으로, 자신의 감정을 경험하고 자각한 것을 통하여 새로운 감정과 사실을 자각하게 되고 그 결과 자신에 대한 통찰을 갖게 되는 것을 의미한다. 즉, 참가자가 자신의 감정이나 경험에 대하여 분명하게 알게 되고 치료사나 구성원들에게 적극적으로 그 감정을 표현하는 것을 말한다. 권경인(2001)에 의하면, 자각과 통찰이라는 두 요인은 인지적 요인으로, 자기 관찰과 반성적 사고를 통해 도움을 받는 자기이해, 대리학습, 지도, 보편성을 포함한다.

2) 전환 단계의 치료적 요인

전환 단계는 원예치료의 전체 활동 중 초반부로, 대상자들 간의 상호작용 속에서 갈등과 저항이 나타나는 단계이다. 아직 대상자들끼리 또는 치료사와 충분한 라포가 형성되지 않은 상태인 채로 집단 내에서 개별 작업을 할 경우, 제공된 소재의 배분이나 질과 관련한 갈등, 공동으로 사용하는 소재 선택의 선후관계에 대해 대상자들끼리 탐색과 이해관계가 발생하게 되며, 활동 결과물에 대한 주·객관적 평가와 관련한 갈등이 발생하게 된다. 또한 하나의 주제와 목표를 위하여 공동 작업을 수행할 때, 소재의 선택 및 규칙의 수행, 예상 결과물에 대한 각기 다른 이미지, 주어진 역할에 대한 만족도 및 수행의 질과 양의 정도, 결과물에 대한 만족도 등과 관련된 갈등도 발생한다. 이러한 갈등들이 발생할 때 전환이 일어난다.

란다우(Landau, 1991)는 전환 단계에서는 '수용'이라는 치료적 요인이 사용된다고 하였고, '수용'은 집단에서 소속감을 느끼는 것, 정서적인 지지를 받는 것 등을 말한다. 또한 '수용'은 얄롬(Yalom, 1970, 1975)의 '응집성' 요인과 유사한데, 이는 집단에서 소속감, 온정, 우호성, 편안함을 느낄 때 작용한다. 응집성(cohesiveness)이란 구성원들이 하나의 통합된 전체로 묶여져 있는 유대관계의 정도를 말하며, 이러한 응집성은 집단에 대한 여러 가지 동기화를 통하여 이루어진다.

자신이 집단에 속해 있고 다른 사람에 의해 받아들여지고 사랑받고 있다는 믿음이 감정적으로 결합되었을 때, 이들은 단지 개인들의 집합이 아니고 하나의 집단이 되는 것이고 이때 느끼는 소속감을 집단 응집력이라고 한다.

한편, 키블리한(Kivlighan, 1997)은 전환 단계에서는 '관계-분위기'의 치료적 요인이 사용된다고 하였다. '관계-분위기'는 대상자들과 치료사 또는 대상자 간의 관계와 관련된 요인들을 말한다. 즉, 대상자가 마음속에 묻어두었던 화, 슬픔, 애성, 행복감과 같은 감정을 털어놓음으로써 마음이 평온해지고 위안을 얻게 되며 치료사나 다른 대상자들이 가깝게 느껴지거나 안심이 되고 편안해지는 것을 말한다. 권경인(2001)에 의하면, 이 두 요인은 정서적 요인으로, 정서적 요인은 정서적 분출이나 구원감과 안정감을 통해 도움을 받는 정화, 희망의 고취, 수용을 포함한다.

3) 작업 단계의 치료적 요인

작업 단계는 전체 활동의 중 · 후반부에 해당하며, 선행된 갈등과정을 겪으면서 동료 대상자에 대한 탐색과 이해가 이루어지고 집단 원예치료의 목적에 대해서 충분히 이해하고 규칙을 지켜가는 과정을 통하여 집단 응집력이 발달되고 강화되는 단계라고 할 수 있다. 또한 집단 원예치료의 작업 단계는 전환 단계에서 경험한 갈등과 저항, 시행착오를 바탕으로 갈등단계에서 지각된 문제를 해결하고 감정을 조절하는 방안을 모색하고 훈련하는 단계이다.

구체적으로 설명하면, 기르기(재배) 활동에서는 안정되면서 역동적인 식물의 생장을 경험하고, 꾸미기(장식) 활동에서는 완성된 결과물을 통하여 만족감, 성취감을 획득하며, 느끼기(감상) 활동에서는 자신과 타인, 환경에 대한 탐색과 의미 부여가 이루어지게 된다. 무엇보다 만족감과 성취감을 획득함으로써 자기효능감, 자기직능감을 향상시켜 궁극적으로 자아 존중감을 향상시키게 된다.

또한 작업 단계에서는 상호작용, 활동, 반응의 원예치료 기제가 활발히 사용되어, 신체적, 인지적, 심리 · 사회적 원예치료의 효과를 경험하게 되고 집단 원예치료 과정에 참여하는 것에 대한 긍정적 강화를 이루어내고, 이를 통하여 집단 응집력이 더욱 발달되는 단계라 할 수 있다. 또한 이 단계에서는 타인에 대해 인식하게 되고 서로 적절한 피드백을 해줄 수 있게 되어 긍정적인 대인관계가 이루어질 수 있다. 함께 활동하기 위해서는 서로 협력하고, 배려하며, 책임을 분담하는 것이 효과적이라는 것을 인식하게 되는 것이다.

란다우(Landau, 1991)는 작업 단계에서 '대인관계 학습'과 '자기이해'의 치료적 요인을, 키블리한(Kivlighan, 1997)은 '문제 정의 및 변화'의 요인이 사용된다고 밝혔다. '대인관계 학습'의 중요한 집단 경험은 '교정적 감정'의 경험이다. 이는 자신의 문제를 스스로 자각하는 것뿐만 아니라 자신의 문제와 유사한 타인의 행동을 통하여 문제 개선의 방향을 선택하는 것을 의미한다.

'자기이해'는 자신의 감정과 문제에 대해 이해하는 것을 말하는데, 집단구성원 혹은 집단 치료사로부터의 피드백이나 해석을 통해 자기 자신의 문제나 현재 자기 모습을 더 잘 이해할 수 있게 되는 것이다(Yalom, 1970, 1975). '문제 정의 및 변화' 요인은 집단구성원들이 자신이 가진 문제를 자각하고 자신의 변화를 원하며 문제를 해결해나가는 방법을 배우고 이를 실제 생활에 적용하여 자신의 변화를 시도하는 것을 말한다. 이를 통하여 자신의 문제에 대해 스스로 어떻게 해야 하는지 더 잘 알게 될 수 있고 집단 바깥에서의 생활에서 새로운 행동을 하거나 다른 사람이 되려고 노력할 수 있다. 권경인(2001)에 의하면, 이 요인들은 행동적 요인으로, 실제 행동으로 표현된 대인 간 행동을 통해 도움을 얻는 대인 간 행동학습, 자기노출, 이타주의를 포함한다.

4) 종결 단계의 치료적 요인

종결 단계는 원예치료의 전체 활동 중 후반부에 해당하며, 이 단계에서는 치료사와 대상자 모두가 치료가 끝나는 것에 대한 감정을 다스리고 이별을 준비해야 한다. 지금껏 진행된 집단 원예치료의 의미를 돌아보고, 준비단계에서 제시되었던 집단치료의 목적, 집단의 목표와 개별 목표, 활동에 대한 반응을 확인하는 단계이다. 또한 종결 단계는 집단구성원들의 이해, 통합, 강화를 돕는 개념적 구조화를 통해 집단구성원들이 치료 과정에서 깨달은 사실을 잊지 않고 훈련과 연습을 통하여 구체적으로 실천해나갈 수 있도록 돕는 '학습 강화' 단계이다.

종결 단계에서 사용되는 치료적 요인은 '대인관계 학습'과 '자기이해', '문제 정의 및 변화'이고, 행동적 요인은 '대인 간 행동학습, 자기노출, 이타주의'를 포함하여 작업 단계에서 설명한 내용과 동일하다.

(2) 원예치료의 식물 · 자연 · 활동 · 인적인 요인

또 다른 원예치료의 치료적 요인으로, 최민희(2010)는 식물 · 자연 요인, 활동 요인, 인적 요인으로 범주화할 수 있다고 하였다. 이 가운데 식물 · 자연 요인은 원예치료의 효과가 식물 · 자연과의 감각적 접촉에 기인한 것으로 보며, 식물이 주는 오감자극과 원예활동에서 접하는 자연환경이 중요한 역할을 한다. 또한 활동 요인은 치료효과가 식물 · 자연과의 능동적 접촉에서 기인한 것으로 보고, 통찰(자기이해), 창의성, 몰입, 식물 양육에서 얻는 배움, 카타르시스, 운동 등이 효과가 있다고 본다. 인적 요인은 치료효과가 대인 접촉으로부터 기인하며 블로흐와 크로우치(Bloch & Crouch, 1985)는 집단치료에서의 치료적 요인 10가지—보편성, 이타주의, 희망의 고취, 지도, 대인활동에서 받는 배움, 대리학습, 수용, 카타르시스, 통찰(자기이해), 자기노출—로 구성된다고 하였다(표 3-2).

〈표 3-2〉 원예치료의 치료적 요인(최민희, 2010)

식물 자연 요인	활동 요인	인적 요인
시각 자극 청각 자극 후각 자극 미각 자극 촉각 자극 자연 환경	통찰 창의성 몰입 학습 카타르시스 운동	보편성 이타주의 희망의 고취 지도 대인관계를 통한 학습 대리학습 수용 카타르시스 통찰(자기이해) 자기노출

제4장

원예치료의 요소와 효과 및 치료적 개입

1. 원예치료의 요소

원예치료의 구성 요소는 대상자, 치료 목적, 원예활동, 치료사 또는 원예치료사, 대상자, 식물과 원예활동으로, 학자들마다 다양하게 정의하고 있다. 그러나 원예치료 과정의 계획 단계에서는 치료 목적 설정이 필수적이므로 구성 요소에서 치료 목적을 설정하지 않아도 되므로 이 장에서는 원예치료사, 대상자, 식물과 원예활동에 대해 기술하고자 한다

(1) 원예치료사

원예치료사는 원예치료 대상자와 함께 원예치료를 이끌어가는 존재로, 원예치료의 주체라 할 수 있다. 원예치료사는 자발적이고 주도적으로, 또한 치료적 의도를 가지고 치료에 임해야 한다.

원예치료사는 원예치료를 수행할 수 있는 자격 조건을 갖춘 사람으로, 원예학뿐만 아니라 정신의학, 재활의학, 사회학, 간호학, 심리상담학 등 다양한 전문적 분

야를 이해하고, 이를 적용할 수 있는 능력이 있어야 한다. 또한 소통, 협동, 지식 보급, 교육과 훈련을 통한 인간 개발에 있어 원예치료를 이용한 프로그램의 수행을 증진 시키기 위해 노력해야 한다. 원예치료사의 전문성을 향상 시키기 위해 본질적인 가치, 존엄성, 개개인의 잠재력이라는 기본적인 믿음을 기반으로 전문적인 활동을 해야 한다. 이를 위해서 다음과 같은 자질을 갖추고 있어야 한다.

1) 원예치료사의 자질과 능력

- ○ 원예학, 사회학, 재활의학, 정신의학, 상담심리학 등 관련 학문에 대한 전문적 지식
- ○ 자신의 일에 대한 자신감과 남을 도울 수 있는 봉사정신과 인내심
- ○ 원예식물과 사람의 관계에 대한 깊은 이해력
- ○ 대상자 치료의 공통된 목표를 향해 다른 전문가들과 협업할 수 있는 능력

2) 원예치료사 윤리 강령

2015년 미국원예치료협회(American Horticultural Therapy Association)는 "In 1993, Dr. Richard Mattson, Jeonne Merkle, Lori Parrett, and Tina Waliczek published "The Proposed Horticultural Therapy Standards of Practice" in the Journal of Therapeutic Horticulture, Volume VII."에 기반하여 원예치료사 윤리강령(The Code of Professional Ethics for Horticultural Therapists)을 제정하여 공표하였다.

전문 원예치료사는 실무 표준을 준수해야 원예치료의 품질을 유지할 수 있다. 원예치료사의 강령(The Code of Professional Ethics for Horticultural Therapists)은 상담 윤리 강령, 출판, 관련 전문가 간 관계, 기밀 유지, 전문성, 책임감이라는 AHTA의 실무 표준(Standards of Practice)과 일치하며 다음의 8가지 내용으로 설명할 수 있다.

① 고객과의 관계

- 일차 책임

원예치료사는 고객에게 일차적인 책임이 있다.

- 차별 금지

원예치료사는 다양성을 존중하고 피부색, 문화, 장애, 인종 집단, 성별, 민족, 종교 및 성적 취향, 혼인 여부 또는 사회 경제적 지위에 따라 차별을 해서는 안 된다.

- 공개

원예치료사는 고객에게 활동 내용, 과정, 기대효과 등의 원예 치료 경험의 본질과 관련된 정보를 제공해야 한다.

- 이원적 관계

원예치료사는 고객과의 이원적 관계를 피하기 위해 모든 노력을 기울여야 한다. 고객과의 성적 관계는 금지된다. 이중 관계는 원예치료사의 판단을 방해하고 고객에게 해를 끼칠 수 있다.

- 고객 보호

원예치료사는 원예 치료 활동 동안 육체적, 정신적으로 고객 보호를 위한 조치를 취해야 한 다.

- 치료적 개입

원예치료사는 고의로 고객을 적절한 감독이 없는 경우나 무급 노동과 같은 치료적 관계의 완전성을 위태롭게 하는 상황들에 놓이게 해서는 안 된다.

- 고객 대응 불가

원예치료사는 이해 상충이나 고객에게 효과적인 처치의 제공이 불가능할 때 개입을 피하고 즉시 처치를 중단한다.

적절한 조치는 전문적인 도움을 받을 수 있는 곳으로 보내는 것이다.

- 종료

원예치료사는 고객에게 프로그램과 서비스의 종료를 알려서 고객이 참고해서 정리할 수 있는 시간을 갖게 한다.

② 책임

- 책임

원예치료사는 고객과 다른 원예치료사들, 고용인, 동료들로부터 모범이 되는 모델로서의 책임이 있다.

- 성희롱 / 부당 이익

원예치료사는 성희롱을 해서는 안 되고 부당한 이득, 요청, 물건이나 서비스를 받아서는 안 된다.

- 위험 조건들

원예치료사들은 그들의 고용주들에게 고객의 안전에 위해를 주는 물리적 위험, 절차, 방침의 위험성을 경고해야 한다.

- 다른 관리를 받는 고객

원예치료사는 정보 제공 동의를 한 고객이 받고 있는 활동, 기대효과, 받고 있는 처치 등을 다른 건강관리 전문가들에게 알려야 한다.

- 고객 복지

원예치료사는 관계 당국에 신뢰할 수 있는 정보나 취약 계층 학대 보고서 등의 보고를 해야 한다.

③ 전문 역량의 책임

- 원예 치료 역량

원예치료사 역량은 원예 치료학 학사 과정 또는 인문 과학, 식물 과학 대한 추가 교과 과정을 갖춘 학사 학위, 원예 치료학, 등록된 원예치료사의 감독하에 승인된 원예 치료 인턴십의 완료 그리고 AHTA에 의한 미국 원예 작물 원예치료사 등록 (HTR)을 통해 얻을 수 있다.

- 치료 역량의 경계

  원예치료사는 인간과 식물의 교육과 경험으로 얻은 역량의 경계 내에서 실행을 해야 한다.

- 평생 교육

  원예치료사는 지속적인 교육 과정, 콘퍼런스 및 워크숍을 통한 전문 역량을 키워야 한다.

- 원예치료사의 장애

  원예치료사는 그들의 개인적인 문제 또는 갈등이 위해를 야기할 수 있는 경우를 활동의 실행을 삼가 한다.

- 자격증 인정

  원예치료사는 AHTA에서 권한을 받은 경우만 전문적으로 등록된 원예치료사(registered horticultural therapist(HTR)명칭을 사용할 수 있다. 원예치료사 타이틀은 등록 과정이 시작되고 나서만 사용 가능하다.

- 하급자와의 악의적인 관계

  원예치료사는 그들이 관리하고 평가하며 감독하는 하급자들과 모욕적이거나 성적 또는 가혹한 착취적인 관계이어서는 안 된다.

④ 기밀 유지

- 기밀 유지 요건

  원예치료사는 원예 치료 서비스와 관련된 정보는 정보 제공 동의가 없는 한 기밀로 한다. 정보 공유는 치료 팀과 관련하여, 고객의 최대 이익을 위해 또는 법으로 요구되는 경우 필수적이고 고객은 공개에 대해 알고 있어야 한다.

- 하급자의 기밀 유지

  원예치료사는 하급자가 고객의 기밀을 유지하도록 해야 한다.

- 단체 활동에서 기밀 유지

원예치료사는 단체 활동에서는 기밀 유지가 보장되지 않는 것에 대해 그룹 멤버들과 의사 소통해야 한다.

- 기록의 기밀 유지

원예치료사는 기물의 기밀 유지를 해야 한다(생성, 저장, 접근, 전송 및 폐기).

- 기록 또는 관찰 허가

원예치료사는 기록하거나 다른 사람들이 관찰하는 것에 대해 고객의 허가를 받아야 한다.

- 데이터 위장 요건

원예치료사는 교수, 출판 또는 연구에 사용되는 정보에서 고객의 신원을 보호해야 한다.

⑤ 전문가 상호관계

- 인력 선정 및 직무 배분

원예치료사는 유능한 직원 · 자원 봉사자를 선택하고 훈련시켜야 하고 전문지식에 적합한 직무를 안배해야 한다.

- 수수료 수령

원예치료사는 원예 치료 프로그램 내에서 대상자를 재배치 하거나 앞서게 하기 위해 수수료를 받을 수 없다. 게다가 다른 전문가에게 소개하거나 활동 종료를 위해 수수료를 받는 것은 금지된다.

- 학생이나 관리자와의 성관계

원예치료사는 학생이나 관리자와 성관계를 가지면 안 된다.

- 감독(supervision) 준비

원예치료사는 감독할 때는 반드시 AHTA 원예 치료 인턴십 정책의 지침 및 절차의 가이드라인과 기대치에 따라야 한다.

- 평가 정보

원예치료사는 학생이나 관리자의 성격이 아닌 성과에 근거해서 객관적으로 평가해야 한다. 원예 치료 활동에 학생 · 관리자를 배정할 때 인권을 지키는 것은 필수 의무이다.

- 학생 · 관리자에 대한 기준

원예 치료의 학생 · 관리자는 반드시 AHTA 실무 표준 및 윤리 강령을 준수해야 한다.

- 동료

원예치료사는 고객에게 서비스하는 다른 전문가들과의 관계를 인식해야 하고, 서비스를 받는 고객의 복지는 모든 전문가들의 노력의 통합에 의해 정해진다는 것을 인식한다.

⑥ 간행물 · 연구

- 출판 · 세미나 · 워크숍 기여자

원예사는 반드시 그들의 출판 · 세미나 · 워크숍에 기여한 사람들에게 적절한 신용 보증서를 제공한다.

- 연구에서 상해를 예방하기 위한 예방 조치

원예치료사는 연구에서 피실험자에게 신체적, 사회적 또는 심리적 손상이 가해지는 것을 피해야 한다.

- 간행물 · 세미나 · 워크숍 · 연구 기밀 유지

원예치료사는 반드시 출판물 · 세미나 · 워크샵 · 연구와 관련된 고객 · 참가자에 관한 기밀을 유지한다.

- 정확한 연구 결과

원예치료사는 연구 데이터를 왜곡하거나 잘못 전달해서는 안 되고 모든 변수와 조건을 보고해야 하고, 연구 결과를 조작하거나 의도적으로 편견을 갖게 해서는 안 된다.

⑦ **상담**

- 컨설턴트 표준

  원예치료사는 컨설팅 업무를 수락할 때 AHTA 윤리 강령 및 실무 표준을 따라야 한다.

- 상담에서의 기밀 유지

  원예치료사는 섹션4.(기밀유지)에 있는 기밀 유지를 위한 표준을 따라야 한다. 조직이나 직원, 대상자에 관련된 정보는 기밀로 간주되며 비윤리적인 목적으로 사용되어서는 안 된다.

- 상담 역량

  원예치료사는 컨설팅 업무 수락과 관련된 모든 분야의 문서를 반드시 문서화할 수 있어야 한다.

⑧ **윤리적 행동의 6가지 원칙**

- 유익 : 다른 사람들에게 선을 행함
- 무해성 : 다른 사람에게 아무런 해를 끼치지 않기
- 자율성 : 타인의 자치권을 존중
- 공정 : 공정하고 다른 사람들을 동등하게 대우
- 충실 : 충실하고 다른 사람들에게 의무를 이행
- 진실성 : 정직하고 진실을 말하기

3) 원예치료사 양성 과정

원예치료를 성공적으로 수행하기 위해서는 유능한 원예치료사를 양성하는 것이 매우 중요하다. 우리나라에서는 1999년에 건국대학교 사회교육원에 국내 최초로 원예치료사 과정이 개설되어 전문가를 양성하기 시작하였다. 2002년도부터는 지방의 대학에서도 원예치료사 양성 과정을 개설하기 시작하였고, 현재 원예치료사 양성을 위한 교육기관으로는 총 25개 대학이 있다.

또한 평생교육원과는 별도로 대학의 학부 및 대학원에서도 원예치료사 양성을 위한 전공 및 학과가 개설되었는데 2000년도에 단국대학교 대학원에 원예치료학과, 2001년도 학부에 원예치료 연계 전공 과정이 개설되었다. 2004년 9월에는 건국대학교 농축대학원에 원예치료학과가 개설되었으며, 2005년에는 순천향대학교, 2006년에는 고려대학교와 원광대학교 특수대학원에 원예치료 전공이 개설되었다.

4) 원예치료사 자격 제도

우리나라의 원예치료사 자격제도는 (사)한국원예치료복지협회에서 수여하는 민간자격으로, 그동안 원예복지사, 원예치료사 2급, 원예치료사 1급, 고등원예치료사로 구분하여 수여해왔다. 그러나 자격기본법에 의하여 민간 자격 명칭으로 '치료'라는 용어가 부적합하다는 지적에 따라 2013년부터는 '복지원예사'로 통일하여 복지원예사 1. 2. 3급의 자격을 수여하고 있다. 복지원예사의 등급에 따라 기본 학력 조건과 갖추어야 할 조건에 차이가 있는데, 이를 정리하면 다음과 같다.

① 복지원예사 3급

복지원예사 3급은 치료적 원예활동보다는 사회적 · 교육적 원예활동을 주로 하는 농촌진흥청 산하 공무원들과 원예복지에 관심이 있는 자를 위한 자격증이다. 복지원예사 3급이 되기 위해서는 협회에서 인정하는 교육기관에서 원예치료사 양성 과정을 이수하고 복지원예사 3급 자격시험에 합격하여야 한다. 뿐만 아니라 농촌진흥청에서 실시하는 원예치료 단기연수과정을 수료하거나 협회에서 인정하는 워크숍에 40시간 이상 또는 임상실습 60회를 참여하거나 워크숍 20시간과 임상실습 30회 이상 참여자는 위의 조건을 갖춘 것으로 본다.

② 복지원예사 2급

복지원예사 2급이 되기 위해서는 협회에서 인정하는 교육기관에서 원예치료사

과정을 이수하거나 대학원에서 원예치료 전공으로 15학점 이상 이수한 후 복지원예사 2급 자격시험에 합격하여야 한다. 또한 20시간 이상의 워크숍 참석과 60회 이상의 임상활동 경험, 그리고 논문 발표 1건 이상 등의 조건을 충족해야 한다. 이러한 구비 조건을 충족하였을 때 협회 직능심사위원회에 자격을 신청할 수 있다.

복지원예사 2 · 3급 자격시험은 매 학기 교육과정이 종료되는 6월과 12월에 응시원서를 접수하여 그 다음 달에 실시하는데, 객관식으로 출제되며 70점 이상을 얻어야 합격할 수 있다.

③ 복지원예사 1급

복지원예사 1급이 되기 위해서는 대학 또는 대학원에서 원예치료를 전공하거나 원예학을 전공하고 의료과목 3과목 이상을 이수하고 원예치료 논문을 제출하여야 한다. 이러한 학력 조건을 갖춘 후 원예치료 관련 논문을 1편 이상 게재하고 1편 이상 발표하여야 한다. 게재 논문은 석사학위 논문으로 대체할 수 있다. 그밖에 40시간의 워크숍 참석과 200회의 임상활동 경험 등의 조건을 갖추어야 한다.

그동안에는 대학원 졸업 이상의 학력자만 복지원예사 1급이 될 수 있었는데, 2012년도부터는 4년제 대학 졸업 이상의 학력 소유자로서 심화과정을 수료하고 원예치료사 2급 자격 취득 후 3년 경과자는 1급이 될 수 있도록 규정이 개정되었다.

④ 복지원예 슈퍼바이저

복지원예 슈퍼바이저가 되기 위해서는 협회 주관 슈퍼바이저 양성 교육을 수료해야 한다. 수료 기간 동안 임상실습에 1,200회 참가하고, 워크숍 100시간을 이수하고 원예치료 관련 논문을 2건 이상 또는 임상실습 60회를 참여하거나 워크숍 20시간과 임상실습 30회 이상 참여자는 위의 조건을 갖춘 것으로 본다.

복지원예사 자격 수여는 매년 2월과 8월 두 차례 있는데, 1월과 7월에 자격 신청을 받아서 협회 직능심사위원회의 심의를 통과하여야 한다. 관련된 규정은 한국원예치료협회 복지원예사 자격 수여 규정에 의한다.

(2) 대상자

원예치료의 대상자는 치료 회기에 함께하는 다른 사람들(치료사, 다른 대상자 등)과 치료 도구인 식물들과 상호작용을 통해 치료 효과를 끌어내는 존재이다. 대상자들은 개인 치료와 집단 치료 과정에 참여할 수 있는데, 모든 대상이 집단 치료에 참여할 수 있는 것은 아니다. 집단이 동질성을 갖게 하는 데 방해 요소들이 있을 때는 참여할 수 없다. 집단의 구성원들이 빈번히 변화할 때, 그룹 구성원들이 단지 최소한의 상호작용만을 수용할 수 있거나 허용될 때, 예를 들어 사회적 상호작용을 위한 마음의 준비가 되지 않는 사람들에게는 집단 활동이 더 위협적이 될 수 있기 때문이다.

또한 집단 구성원의 신체, 인지, 사회 · 심리적 기능이 매우 낮을 때에는 개인 치료를 적용하거나 집단의 크기를 작게 구성하는 것이 효율적이며, 집단 구성원의 기능 차이가 매우 클 때는 기능별로 집단을 구성하거나 기능의 차이에 따라 고기능과 저기능 대상끼리 도움을 주고받는 역할관계를 부여하는 등 집단의 목적에 따라 매우 다양하게 대상자를 구성할 수 있다.

1) 인간 성장기에 따른 대상자 분류

○ 아동기

○ 청소년기

○ 성인기

○ 노년기

2) 원예치료를 수행하는 공간에 따른 분류

① 예방 공간의 대상자

대상자의 원예치료적 문제와 관련된 의학적 진단은 가지고 있지 않지만 원예치료적 문제와 관련된 잠재적 문제를 예방하거나, 건강한 발달과 삶의 질 향상을 목적으로 하는 원예치료적 진단을 가진 대상이 해당한다.

② 치료 및 재활 공간의 대상자

대상자의 원예치료적 문제와 관련된 의학적 진단을 가지고 그 문제를 예방하거나 감소, 소멸, 개선시키는 것을 목적으로 하는 원예치료적 진단을 가진 대상이 해당한다.

3) 치료적 문제에 따른 대상자 분류

① 신체적 영역의 대상자

원예치료 활동에서 움직임의 실행과 관련된 문제를 가지고 신체적 기능의 회복, 유지, 적응력을 향상시키는 것을 목적으로 하는 원예치료적 진단을 가진 대상이 해당한다.

② 인지적 영역

인지와 관련된 문제로 인해 새로운 인지 기술이나 존재하는 인지 기술의 사용을 목적으로 하는 원예치료적 진단을 가진 대상이 해당한다.

③ 심리 · 사회적 영역

심리 · 사회적 문제를 가지고 정서적인 안위의 감정, 자기조절, 적응기술에서의 효능감을 획득하는 것을 목적으로 하는 원예치료적 진단을 가진 대상이 해당한다.

(3) 원예활동

원예활동은 치료 과정에서 치료목적 달성을 위한 치료 도구로 사용되며, 치료 목적에 따라 개인 및 집단 작업이 필요한 프로그램을 다르게 해야 한다. 따라서 집단 원예치료의 효과를 높일 수 있는 효율적인 원예활동은 공동의 목표와 주제를 부여하여 함께 협동하여 수행할 수 있는 활동, 개별 작업을 통하여 공동의 목표와 주제를 이끌어낼 수 있는 활동, 집단형태 속에서 개별적으로 수행할 수 있는 활동으로 구성하여 집단 발달단계와 치료적 요인에 따라 원예활동의 내용을 수행할 수 있게 해야 한다. 각각의 회기별 원예치료 활동들이 모여 1단위의 원예치료 프로그램이 되고, 각 회기별 원예치료 활동에는 치료 목표가, 원예치료 프로그램에는 치료 목적이 설정된다.

원예치료 프로그램에 이용할 수 있는 원예활동은 다음의 네 가지 범주로 나누어 볼 수 있다.

1) 기르기

채소 파종, 모종 이식, 꽃씨 파종, 삽목, 새싹채소 기르기, 수경재배 등

2) 꾸미기

숯부작, 테라리움, 접시정원, 토피어리, 꽃바구니, 압화, 포푸리, 리스, 요리 등

3) 느끼기

정원 산책, 허브차 즐기기, 체험학습 등

4) 기타(others)

기르기, 꾸미기, 느끼기를 제외한 오리엔테이션, 평가 등

* 원예활동의 실례는 "제7장 원예치료 프로그램의 실제" 참조.

(4) 원예치료 현장에서의 원예활동

〈표 4-1〉 국내 원예치료 현장에서의 원예활동 범주

	기르기	꾸미기	느끼기	기타	전체
빈도	522	1248	205	91	2060
백분율	25%	61%	10%	4%	100%

원예치료의 주된 치료적 양상은 식물을 돌보는 것이나 식물을 돌보는 것 이외의 다양한 원예 소재를 이용하는 활동 역시 중요한 원예치료의 치료적 도구이다. 그러므로 꾸미기(장식과 이용)와 느끼기(감상) 활동 역시 치료적 효과가 매우 높다고 할 수 있다. 미국원예치료협회는 2006년 이래 현재까지 원예치료에 이용 가능한 원예활동의 범위를 정원일과 관련된 활동으로 유연하게 확장하여 사용하고 있다. 원예치료에서의 원예활동은 사용되는 식물이나 소재 등의 재료와 재배, 장식, 이용, 감상 등과 같은 활동 방법 및 결과물 등이 치료사의 역량에 따라 치료적 도구로 사용될 수 있다.

2. 원예치료의 효과

원예치료의 효과는 렐프(Relf, 1992)의 일반적 효과를 기초로 하여 대부분 인용하고 있으나 여기에서는 시카고 보태닉 가든(Chicago botanic garden, 2003)의 결과 모델에 따라 정리해보기로 한다.

(1) 신체적 영역의 효과

원예치료는 신체적 기능의 회복, 유지, 적응력을 향상시키는 것을 목적으로 하는 활동으로, 치료 범위는 관절 가동 범위, 근육 강도, 심장-폐 지구력, 신경의 능력 등에 따라 달라진다.

1) 신체적 기능의 회복

신체적 기능의 회복이란, 원예치료를 통하여 신체적 기능을 선행 수준으로 되돌리는 것을 말한다. 이는 참가자가 입은 장애가 신경계 또는 심폐계의 영구적인 손상이 아닐 때 가능하다. 즉, 근육, 관절, 심장-폐 기능의 회복이 가능할 때 원예치료 활동은 근력, 지구력, 관절 가동 범위를 기르는 데 도움을 줄 수 있다.

2) 유지

유지란 신체적인 기능의 부가적인 손실을 막는 것을 말한다. 노화와 같이 천천히 진행되는 상태가 초래한 기능장애 또는 무능력이 원인일 때 원예치료가 가능하다. 근육, 관절, 심장, 폐 기능이 어느 정도 가능할 때, 원예치료 활동이 범위의 정도, 근력, 지구력을 유지할 수 있도록 도움을 줄 수 있다.

3) 적응

적응이란 일시적이거나 영구적으로 손상된 기능을 보상하는 것을 말한다. 중추신경계 또는 심폐계 또는 관절 또는 근육의 일시적 부동이 초래한 기능장애 또는 무능력이 원인일 때 도움을 줄 수 있다.

4) 원인

신체적인 영역에 문제가 생기는 것은 중추신경계, 말초신경계, 근골격, 심장-폐 조직, 피부조직의 손상에 의한 일시적 또는 영구적 장애 등이 주요 원인이다.

5) 이론적 기초

신체적인 영역의 손상이나 장애는 운동요법, 근육해부학, 생리학, 생물역학, 인간공학, 신경해부학이 적용되는 분야이다.

6) 원예치료에 적용 시

참가자(대상자)의 능력과 원예활동의 각 단계별로 신체적으로 어떠한 양상이 벌어지는지 미리 주의를 기울인다. 일반적으로 활동의 신체적인 요소를 분석할 때 치료사는 관련된 근육과 움직임, 관절 가동 범위, 근력과 감각 등을 반드시 고려하여야 한다.

7) 신체적 영역의 효과를 높이기 위한 적용 기술

① 설치(설비) 기술

움직임의 수, 질, 강도는 활동의 초기에 원예 소재 설치(설비)에 의해 바뀐다. 참가자가 원예활동에 요구된 움직임을 할 수 없거나 예정된 단계를 수행할 근력과 지구력이 부족하다면 치료사는 활동을 시작하기 전에 미리 준비하여 참가자가 적응할 수 있도록 해놓아야 한다. 예를 들어, 미리 토양을 섞어놓거나 미리 습기를 머금게 해놓거나, 미리 꽃가지를 잘라놓아 가위를 사용하지 않아도 되도록 해놓는 것이다. 참가자가 자유롭게 움직일 수 있다면 원예 소재 설치(설비)는 최소화하고 가급적이면 독립적으로 참여할 수 있도록 유도해야 한다.

② 배치 기술

원예활동에 필요한 관절 가동 범위, 특정 근육의 경직, 희망하는 움직임의 유형이나 질은 작업공간의 배치와 참가자, 또는 공급물에 의해 달라질 수 있다. 작업장의 넓이나 높이는 참가자의 위치를 결정한다. 물리치료사 또는 작업치료사들은 특정한 곳에 참가자가 배치되도록 조언함으로써 대상자들이 특정 관절에 무게부담을 줄일 수 있도록 할 수 있다. 원예활동에 필요한 재료와 도구들은 동선을 최소화한 곳이나 관절 가동 범위 안에 놓아둔다.

③ 개조 기술

원예활동에 사용하는 도구나 장비를 변형하거나 수정함으로써 참가자에게 다양한 움직임을 유도할 수 있다. 예를 들어, 참가자가 도구를 쉽게 쥘 수 있도록 손잡이에 패팅을 덧붙이거나, 참가자의 도달 범위를 늘리기 위해 손잡이를 확장하거나, 물주기를 용이하게 하기 위해 관수지팡이나 호스감개를 사용하는 등의 방법이 있다. 그 밖에 다양한 방법으로 참가자를 지원할 도구나 장비를 고안할 수 있다. 근력과 지구력을 향상시키고자 한다면 도구나 장비의 무게를 증가시키고 움직임의 반복 횟수를 늘려서 근육이나 관절 작업을 증가시킬 수 있다. 참가자는 원예치료 활동에서 유용하게 사용할 수 있는 부목 같은, 자신만의 개조 도구를 가지고 참여할 수도 있다.

(2) 인지적 영역의 효과

인지 기능을 회복 및 유지하고, 적응력을 향상시키는 것을 목적으로 하는 원예치료적 효과를 말한다.

1) 치료 범위

① 집중력/주의력

집중력은 개인의 주의력 수준에 따라 달라지는 복잡한 과정으로 이루어진다. 집중 기술로는 집중의 적절성과 유지, 참여 대상의 선택, 관련 없는 자극 걸러내기, 대상에서 대상으로의 집중의 이동, 둘 또는 그 이상의 대상 사이에서의 집중의 분리 등이 있다.

② 기억력

기억력은 부호화, 저장, 복구의 세 단계의 과정으로 이루어진다. '부호화'는 정보를 부호로 만들어 기억하는 것으로, 기억의 형성과 관련하여 개인의 사전지식과 경험, 해석과 사건의 중요성에 의해서 영향을 받는다. '저장'은 오랫동안 정보를 유지하는 것, '복구'는 의식에 저장되어 있던 것을 이동시키는 것을 말한다.

③ 문제해결력

문제해결력은 문제와 문제를 해결하는 방법을 찾는 조직화된 생각을 말한다. 문제를 해결하기 위하여 관련된 정보를 모으고 고려하는 것, 해결책을 탐색하고 선택하는 것, 양자택일의 가치를 가늠하는 것, 행동의 계획을 세우고 실행하며 효과성을 평가하는 것 등이 있다.

④ 일반적인 지식 기반

기억 속에서 정보를 이해하고 유지하는 것에 필요한 지식을 의미한다. 원예치료 활동과 연관된 중요한 일반적 지식으로는 수학적 기능, 읽기, 쓰기, 언어 이해력, 식물과학 등이 있다.

2) 인지적 영역의 효과를 높이기 위한 적용 기술

① 학습 전략

• 리허설/반복

연습하고 반복할 기회를 제공하는 것을 말한다. 진행 절차의 반복된 연습, 학문적 기술, 새로운 정보는 학습과 통합을 돕는다. 이를 원예치료에 적용하면, 퇴비를 섞는 것, 흙 섞기 등이 해당한다.

• 정교화

원래 가지고 있던 지식에 새로운 정보를 결합하는 활동을 말한다. 이를 원예치료에 적용하면, 용기식물 식재 또는 테마가든 디자인 활동에서 참가자들이 비슷한 식물을 선택하고 색상이나 사용법 등과 같은 새로운 기준에 따라 그것들은 결합하는 것이 해당한다.

• 이해

원예활동을 하는 이유와 효과를 쉽게 이해하도록 돕는 것을 말한다. 이해도를 높이기 위해 쉽게 질문하고 관찰할 수 있도록 도구를 사용할 수 있다. 이를 원예치료에 적용하면, 물주기와 돌보기에 대한 식물의 반응을 관찰하기 위한 체크리스트를 만드는 것이 해당한다.

• 문제 해결

브레인스토밍과 같은 문제 해결 기술을 소개하거나 시도하는 것을 말한다. 이를 원예치료에 적용하면, 토마토나 해바라기 같은 키 큰 식물에 지주를 세우는 문제에 대해 여러 가지 방법을 토론하는 것이 해당한다.

② 보상 전략

손상되지 않고 남아 있는 인지 기술을 유지하도록 하는 전략을 말한다. 성공적으로 과업을 완료하기 위해서는 참가자가 불안함을 느끼게 해서는 안 되고, 참가자가 상실한 기능에 직면하지 않도록 주의해야 한다.

• 환경적 단서/지지

인지력이 일정 정도 손상되었거나 심한 혼란을 겪고 있는 대상자에게 효과적이다. 활동 장소를 체계적으로 유지하고, 시청각적으로 주의를 산만하게 할 수 있는 요소를 최소화하며, 활동 시작부터 완전한 지시를 하기보다는 상황에 따라 단계별로 활동을 지시한다.

• 외적 조력

기억력에 제한을 느끼는 대상자에게 효과적이다. 지시사항이나 과정을 강화하기 위하여 사진, 모형, 도표, 모델을 제공할 수 있다. 이를 원예치료에 적용하면, 도구판에 위치를 표시해 두어서 참가자들이 정확한 위치에 도구를 가져다놓을 수 있도록 도울 수 있다.

3) 인지 영역에 손상을 입은 원인

인지 영역에 손상을 입은 원인은 다양하다. 인지발달을 학습할 수 있는 기회가 제한되었거나, 뇌구조가 선천적으로 기형(이상)이거나, 상해 · 수술 등에 의해 뇌구조가 손상을 입었거나, 질병 · 중독 · 투약의 결과로써 뇌의 화학성질이 변화되어 일시적 또는 영구적 손상된 경우 등이 있다.

4) 이론적 기초

치료사는 적응이론과 학습이론, 정보과정이론, 인지재활이론, 신경학, 신경해부학 등을 학습해야 한다.

5) 원예치료에 적용 시

활동의 각 과정은 대상자의 인지 능력에 초점을 맞추어야 하다. 치료사들은 성공적인 과제 수행을 위해 기본적으로 필요한 집중력/주의력, 기억력, 문제해결기술, 지식을 반드시 고려해야 한다. 또한 개인 또는 집단의 인지능력에 대해 기본적으로 이해하고 있어야 한다.

(3) 심리사회적 영역의 효과

심리 · 사회적 기능의 회복, 유지, 적응력을 향상시키는 것을 목적으로 하는 원예치료적 효과를 말한다.

1) 치료 범위

치료 범위는 자아 존중감/동기부여, 개인적/인간적 기인감, 감정의 건강한 표현,

사회적 상호작용 등을 포함한다.

① 자아 존중감/동기부여

부정적 경험, 비적응적 반응과 삶의 역할 변화에 대한 적응의 실패는 기술의 감소와 자신감의 결여를 초래한다. 반면, 의미 있는 과제를 성공적으로 완성해내면 숙달감과 수행감을 획득할 수 있다. 이러한 성공은 그 행위를 계속해서 하도록 강화하고 동기부여를 한다.

② 개인적 정체성

개인이 오랫동안 비정상적인 신체 상태로 지내다보면 자신의 운명을 조절할 수 있는 신념을 유지하기가 무척 어려워진다. 만약 오랜 기간 시설 생활을 하였거나 의료 시설에 있었다면 개인은 일반적으로 환경적 요인(방의 온도, 공기의 냄새나 향기, 소음 수준), 시간 관리(식사, 목욕, 미리 계획된 활동)와 활동 관리 등을 조절하는 능력을 잃게 된다.

이처럼 조절력을 상실하게 되면 대상자는 정서적 안위를 책임지는 자신의 능력에 의구심을 갖게 된다. 이런 점에서 원예치료 활동은 개인적 정체성(personal identity)을 높여준다. 예를 들어 정원에서 식물 심기 및 관리하기 활동을 하는 대상자들은 식물의 성장 상태를 확인하면서 긍정적인 미래를 위한 시도(노력)를 해볼 수 있는 기회를 갖게 된다.

또 실외 정원 활동을 하다보면 식물의 성장뿐만 아니라 기후나 질병으로 인해 식물이 손상되는 것을 목격할 수 있는데, 이는 대상자의 조절 능력 밖에 있는 외적 사건에 효과적으로 반응하는 방법을 배울 수 있는 기회를 제공한다.

이처럼 정원 활동을 하다 보면 성공적 과제를 수행/완결하는 경험을 하게 되고 그 과정에서 능력감(직능감)을 형성하게 될 뿐만 아니라 이를 바탕으로 자아 존중감과 동기부여, 개인적 기인감 또한 강화할 수 있다.

③ 감정의 건강한 표현

방어기제는 긴장된 상황에서 스트레스를 받거나 압도감을 느낄 때 유발된다. 방어기제는 진짜 감정을 가리거나, 잘못 해석하게 만들 수 있다. 이를 '불일치적 의사소통'이라고 한다. 인간은 사람이 없는 상황이 주어졌을 때(빈 의자 기법, 역할극), 더 자유롭고 정직하게 감정을 표현하는 경향이 있다. 예를 들어, 어린이가 부모에 대한 화를 표현하는 방식에 대해 생각해보자. 어린이는 어른과 화에 대해 이야기를 나눌 때보다 땅을 파는 행동을 통하여 화를 표현할 때 더 안전하게 느낀다. 호스피스 환자는 가족과 두려움에 대하여 이야기하기보다는 함께 화훼장식을 하는 과정을 통해서 더 쉽게 자신의 감정을 표현할 수 있다.

치료사는 대상자가 주어진 주제를 상징화할 결과물을 만들어내도록 훈련시키거나, 대상자들이 스스로 결과물을 만들어내도록 유도하고 나서 그들이 작업하는 동안 전달하고자 하는 메시지가 있는지 물어본다. 치료사는 이처럼 대상자들에게 생각과 느낌을 질문하고 그에 따른 반응과 행동을 모니터(관찰)할 수 있다. 이러한 과정을 통하여 대상자들의 통찰력을 높여주고 대상자들이 유익한 활동에 즐겨 참가할 수 있게 할 수 있다.

④ 목적과 관계의 인식

참가자들이 시설에서 생활하다 보면 기능적인 능력을 상실하거나, 재배치의 결여(손실, 상실)를 느끼거나 삶의 역할 변화에 적응하지 못하게 되어 더 이상 자신은 존재할 필요가 없다는 식으로 생각해서 쇠약한 감정을 가질 수 있다. 원예치료 활동은 참가자들이 이런 상실감 대신 편안함을 느낄 수 있도록 해줄 수 있다. 식물과 식물의 산물은 우리의 생활에서 중요한 가치를 가진다. 참가자들이 식물의 번식과 유지를 돕는 활동을 하거나 식물을 활용해서 아름다운 장식물을 만드는 활동을 하면, 목적의식(목적감)을 회복할 수 있다. 예를 들어, 꽃꽂이 활동은 사랑하는 사람들에게 자신이 만든 것을 주거나 판매할 수 있는 기회를 제공할 수 있다.

⑤ 사회적 상호작용

참가자들은 기술의 제한, 불안전, 우울, 화, 공황 등을 경험하면서 사회성이 부족해질 수 있다. 이처럼 사회적 상호작용을 위한 마음의 준비가 되지 않는 참가자들에게는 집단활동이 더 위협적이 될 수 있다. 따라서 치료사는 참가자들이 사회성에 대한 압박감을 느끼지 않도록 주어진 주제에 대하여 먼저 대화를 나누도록 유도한다. 또한 치료사는 대화를 통하여 참가자들이 요구하는 것을 인식하고, 참가자들의 상호작용을 이끌어주거나 집단을 위한 공동주제를 제안해야 한다. 참가자들이 서로 칭찬을 주고받는 연습을 할 수 있도록 돕는 여러 가지 활동이 있다. 치료사는 이런 활동을 이용하여 집단 구성원으로서 역할의 중요성을 인식하도록 유도한다.

치료사는 참가자들이 서서히 활동에 적응할 수 있도록 활동의 사회적 상호작용의 양을 조절할 수 있어야 한다. 예를 들어, 각 상황에 따라 재료와 공급물의 배분 정도를 조절할 수 있어야 한다. 상호작용을 힘들어하는 참가자를 위해서는 독립적으로 작업할 수 있도록 재료를 개별적으로 준비해야 한다. 이때 다른 참가자에게 치료사와 함께 재료와 공급물을 나누고 보조하는 활동을 해보도록 유도하면 사회적 상호작용을 조작할 수 있는 기회를 제공할 수 있다.

2) 원인

자아감은 스스로 일상을 관리해나가고, 위기를 조정하고 변화에 적응하는 능력과 관련이 있는데, 사람에 따라 개인적인 위기, 건강과 기능적 능력의 변화에 의해 방해받거나 변화될 수 있다. 자아감에 영향을 미치는 무능력한 상황은 일시적 또는 영구적일 수 있고 신체적 또는 심리적 쇼크, 상해, 만성질환, 노화를 야기할 수 있다.

3) 이론적 기초

관련 이론과 훈련으로, 심리사회적 발달이론, 개인 정체성, 인지-행동 심리학, 재활 상담 등이 있다.

4) 원예치료에 적용

질병, 상해 또는 정신적 쇼크가 되는 삶의 사건들이 발생한 경우, 특히 심리적 건강이 좋지 않은 경우 원예치료를 실시할 수 있다. 비애, 우울, 기대감 저하와 같은 정서적 반응들은 개인의 자아 존중감과 협동 능력을 위태롭게 할 수 있다. 따라서 원예치료를 실시할 때 치료사는 대상자의 현재 심리 · 사회적 상태를 염두에 두어야 한다. 특히 치료사는 원예치료 활동에서의 상징적 의미를 반드시 고려해야 한다. 상징적 의미를 찾아내는 방법으로는 다음의 것들이 있다. 먼저, 활동 자체에서 상징적 의미를 찾을 수 있다. 예를 들어 식물의 번식이나 재배 과정에서 의미를 찾을 수 있다. 둘째, 건강한 협동 전략을 가르치기 위해 여러 가지 추론을 할 수 있다. 그 밖에 경험의 숙달, 개인적 인과관계의 기회, 가능한 사회적 강화 요인 등을 통해 상징적 의미를 찾을 수 있다. 또한 치료사는 개별 또는 집단의 심리적, 사회적 요구에 따라 치료 효과를 얻기 위하여 활동의 조작(수정 · 변형)을 결정할 수 있다.

3. 원예치료의 치료적 개입

원예치료가 시작되기 전, 대상자 사정 및 계획 단계에서 대상자에 따른 개별치료 혹은 집단 치료의 형태가 결정되어야 한다. 실제 원예치료 현장에서는 대부분 집단 형태로 원예치료가 이루어지고 있으며 '버디 시스템(buddy system)'을 적용한 원예치료처럼 개별 원예치료나 집단 원예치료에 대한 이론적 근거를 바탕으로 체계화가 이루어지고 있다.

집단치료는 집단 대상자들을 치료대상으로 설정하고, 집단 내 대상자들의 상호작용을 통해 치료효과를 이끌어내는 것이다. 또한 집단의 크기, 형태 등에 따라 집단의 치료적 요인, 집단 역동, 집단응집성 등에 따라 다른 결과를 도출할 수 있다. 특히 집단 원예치료는 미국원예치료협회가 "특정한 치료적 목적을 달성하기 위하여 정원 가꾸기와 관련된 활동에 참여하는 것으로 훈련받은 치료사에 의해 촉진된

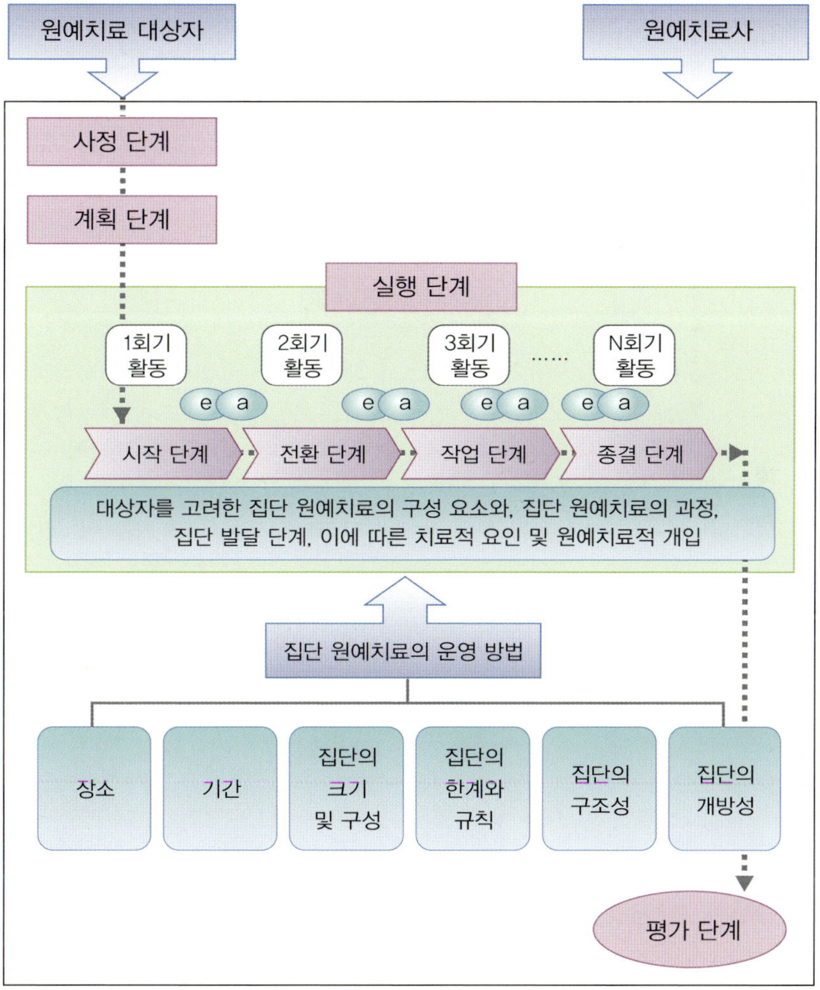

집단원예치료 모델

다(AHTA, 2010)"고 정의하고 있는 바와 같이 치료사, 대상자, 식물 간의 상호작용을 통해 치료 목적을 달성하는 과정이다. 또한 대상자가 개별 또는 집단인지의 여부에 따라 적절한 치료적 요인 및 치료적 개입을 제시하고 이를 적절하게 수행하기

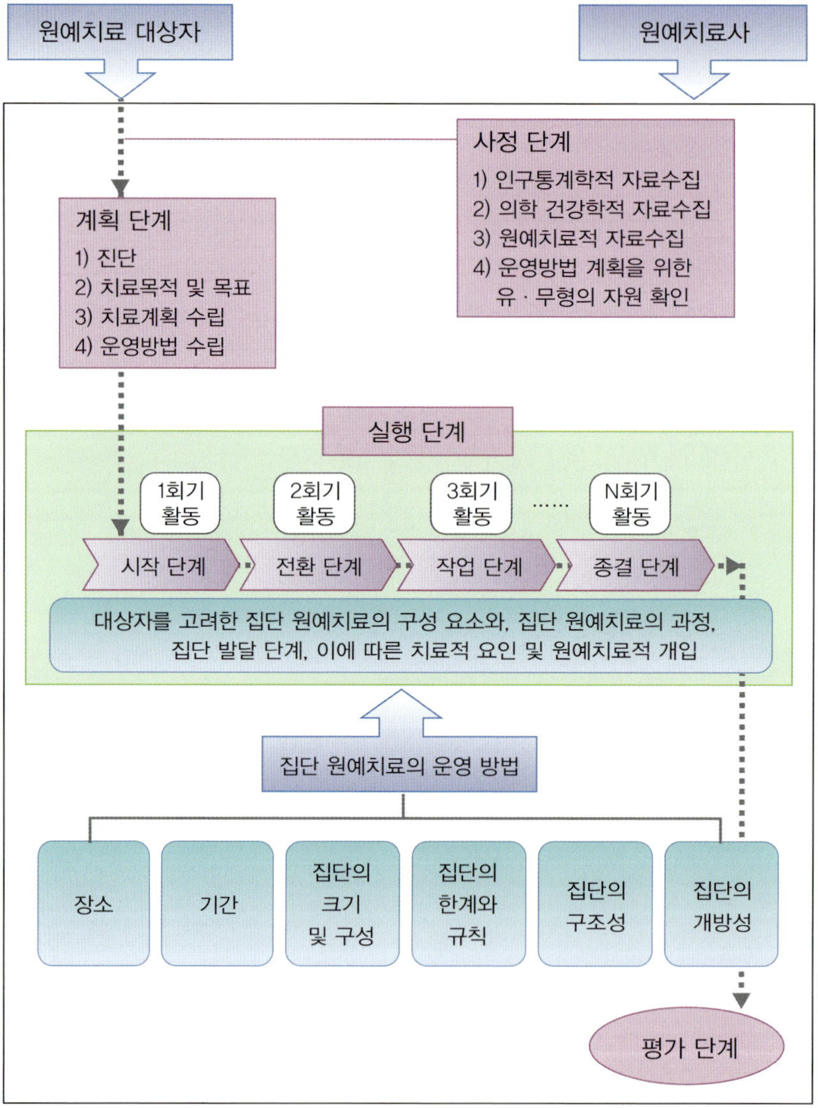

단계별 치료적 개입

위한 운영지침을 제시하는 것을 포함한다.

원예치료에서의 치료적 개입은 대상자의 상호작용이 시작되는 첫 회기부터 마지막 회기까지, 즉 '1회 활동, 2회 활동 … N회 활동'의 전체 활동에서 이루어진다. 코리(Corey, 1995)의 집단 발달단계에 기초한 시작 단계, 전환 단계, 작업 단계, 종결 단계의 4단계에 걸쳐 이루어지는 치료적 개입은 명확한 회기의 구분 없이 연속적으로 이루어진다.

원예치료는 일반적으로 '사정 → 계획 → 시작 → 전환 → 작업 → 종결 → 평가' 단계를 거치면서 각 회기를 실시하는데, 이 장에서는 '시작 → 전환 → 작업 → 종결' 단계에 해당하는 내용을 살펴보겠다.

(1) 시작 단계의 치료적 개입

시작 단계에서 치료적 개입의 목표는 치료사 및 대상자, 집단의 목적에 대한 소개와 함께 치료 과정과 향후 진행될 프로그램에 대한 전반적인 내용을 설명하고, 집단 규칙과 한계에 대하여 설명하거나 집단규칙과 한계를 정하도록 대상자들을 유도하는 것이다. 이 모든 내용에 대해서 치료사는 구체적이고 명확한 안내와 지시를 제공해야 한다. 또한 대상자들이 자신의 내재된 감정을 표출하고 자신의 요구와 자기 정서를 인식할 수 있도록 격려해야 한다. 이 과정에서 식물과 원예활동의 생물학적 요인을 심리학적으로 통합시켜 자신에 대한 통찰이 시작될 수 있도록 안내하거나 격려해야 한다. 뿐만 아니라 사정 과정에서 수집한 대상자의 원예지식 및 선호식물과 활동을 고려하여 프로그램과 활동에 대한 흥미와 호기심, 기대감을 유발하고 동기를 부여하며, 각 대상자에 대해 관심을 제공하여 치료사-대상자, 대상자-대상자, 대상자-비대상자와의 라포 형성을 유도하고 참여를 증진시켜야 한다.

시작 단계에서 적절한 원예활동은 다음과 같다. 자신을 소개하는 활동으로 압화, 낙엽 또는 식물을 이용한 이름표나 식물 모양의 이름표를 만들기, 자신의 별명이나 불리고 싶은 이름 또는 새로 태어나고자 하는 자신의 모습을 반영한 애칭 정하기, 식물이나 과일에 자신의 내·외적 모습을 투영하여 표현하기, 자신의 내면과 외면을 닮은 식물인형 만들기(잔디인형, 토피어리 등), 식물 재배 및 활동 결과물이나 감상한 원예자원과 느낌을 스스로에게 선물하기, 활동 및 관계의 시작의 의미로써 호기심이나 기대감을 유발할 수 있는 번식 활동 관찰하기 등이 있다.

(2) 전환 단계의 치료적 개입

전환 단계에서 치료적 개입의 목표는 대상자들 사이에 탐색을 유도하고 점차적으로 갈등 상황에 노출될 수 있도록 개별 활동이나 부분적 협동 활동, 비지속적 협동 활동을 구성하며, 이러한 활동 과정에서 대상자들이 갈등을 겪을 때, 치료사는 대상자들이 갈등과 저항을 인정하고 처리할 수 있도록 개방형 질문, 감정표현, 의사표현 촉진 등을 통하여 갈등과 저항에 직면하고 도전할 수 있도록 돕는 것이다. 또한 치료사는 긍정적 피드백을 통하여 대상자가 자신의 갈등과 감정이 수용되고 지지되고 있다는 것을 확인하도록 해주어야 한다. 또한 동료 대상자들이 표현하는 갈등과 감정을 이해, 수용, 공감하도록 격려하여 타인을 인식할 수 있도록 도와야 한다.

이를 통하여 대상자는 자신을 더욱 적극적으로 인식할 수 있으며 갈등상황에서 자신의 감정과 행동방안을 모색하고 실행함으로써 자기조절감을 획득하며, 나아가 타인에 대해 인식하고 배려할 수 있게 된다.

전환 단계에서 적절한 원예활동으로는 식재 준비, 번식, 재배, 수확 등과 같은 재배와 관련된 활동을 들 수 있다. 이 활동들은 식물의 생장을 경험하게 함으로써 식물의 주기와 인간 삶의 주기를 통합시켜 자신의 감정을 표출하고 현재 자신의 모습을 인식할 수 있게 해준다. 반면에 식물의 해체, 분리 등과 관련된 활동도 다양한 경험을 제공한다. 예를 들어, 식물을 자르고, 찢고, 화분을 깨고, 꽃과 잎을 따서 눌러 말리고, 열매를 따는 등의 활동은 그 자체로 끝나는 것이 아니라, 또 다른 번식을 이루어내고 장식의 결과물을 만들어내고, 만들어낸 장식품으로 주위 환경을 개선하거나 다른 사람에게 선물하는 등 감정 및 예술로 승화되어 재창조될 수 있다. 이처럼 일종의 파괴행위로 인한 갈등상황이 오히려 예술로 재창조되는 경험을 제공할 수 있다.

사이먼과 스트라우스(Simon and Straus, 1998)는 정원 흙 뒤집기, 낙엽 긁어모으기, 잡초 뽑기 등은 대상자들의 공격적 행동을 간접적으로 완화시키는 데 최상의 접근법이 될 수 있다고 하였다. 또한 정원에서 잡초를 제거하는 활동은 사회적으로 허용될 수 있는 수단을 통해 부정적인 분노와 공격적인 감정을 완화시킨다고 하였으며, 호미질, 전정 등과 같은 육체적인 행위를 수행하는 원예활동은 공격적 성향의 치료에 도움을 준다(서정근 등, 2000). 또한 타인을 수용하고 인식할 수 있게 하기 위하여 꾸미기(장식) 활동 결과물 및 식재 결과물 선물하기, 코사지 달아주기, 인형(잔디인형, 토피어리, 감자인형 등)으로 타인의 모습 표현하기, 식물이나 과일에 동료의 표정, 외모 등 외적 모습을 표현하고 느낌을 나누며 서로 칭찬하기, 식물을 매개로 관련된 대화를 주고받기 등을 할 수 있다.

사이먼과 스트라우스(Simon and Straus, 1998)는 집단 활동을 통하여 일하는 법, 공유하기, 효과적인 의사소통하기 등을 배우게 되고 사회적 상호작용의 기회를 많이 경험할 수 있다고 하였다. 뿐만 아니라 이 단계는 부분적이고 비지속적인 협동 활동을 구성하고 수행하는 단계로, 이를 위하여 자신이 소유하지는 못하나 동료들이 공유할 수 있도록 실내 · 외 정원, 텃밭과 같은 자신들의 활동공간을 꾸미거나 공동공간을 장식할 접시정원, 테라리움, 모둠꽃바구니, 벽걸이 장식 등의 소규모 장식물을 제작할 수 있다.

(3) 작업 단계의 치료적 개입

작업 단계에서 치료적 개입의 목표는 시작과 전환 단계를 통하여 이루어낸 자기 자신에 대한 이해를 바탕으로 자기성찰 및 통찰을 하도록 돕고 나아가 자아 통합을 이루어낼 수 있도록 돕는 것이다. 이를 위해서 원예치료사는 생물학적 요인의 심리학적 통합이나 상징적 의미, 평행적 주제 등을 통하여 식물의 종류, 식물의 각 부분, 식물의 생장주기와 생장사에서 일어나는 사건들에 자신의 상황을 빗대어 생각해보도록 적극적으로 유도함으로써 교정적 감정을 경험하게 하고, 이를 통하여 미래에 대한 희망을 갖게 하거나 수용하도록 도울 수 있다.

또한 익숙한 식물을 재배하는 과정이나 수확하기 등의 결과물을 획득하는 활동, 유사하거나 반복되는 활동들을 제공하여 성공과 성취감을 경험하도록 유도하며, 갈등단계에서 갈등을 경험하였거나 실패한 심리적 문제와 원예활동을 지각하게 하여 문제해결방법과 감정조절방안을 모색하도록 질문하거나 토론을 유도하고, 구체적인 시범을 제시하거나 나아가 더 적극적으로 의견제시 등의 방법을 사용할 수 있다.

이때 사용할 수 있는 기법으로는 브레인스토밍, 가중치, 양자택일 등이 있다. 그러나 이때의 의견 제시는 충고나 조언을 의미하는 것이 아니라, 대상자의 문제해결 방안에 대한 전체적인 그림을 제공하는 것의 일부분으로, 대상자가 의사를 결정하는 데 필요한 새로운 통찰력을 가질 수 있도록 돕는 것이어야 한다(이광자, 2005). 또한 집단 응집력 강화를 위하여 대상자 사이의 상호작용의 질과 양을 증가시키고 지속적이고 전체적인 그룹 활동을 수행하도록 유도함으로써 함께 활동하고 협동하는 과정에서 책임을 부여하고 상호 친밀감과 공동체 의식을 갖도록 유도해야 한다.

이러한 원예활동으로는 식물재배 및 관리와 관련된 활동이 있다. 식물 재배 과정은 삶의 과정을 재정립해볼 수 있는 좋은 기회를 제공하고, 그 기회를 통해 자신의 문제점과 변화하고자 하는 의욕, 자기성취감과 미래에 대한 희망을 갖게 할 수 있다. 아름다운 꽃을 바라보거나 손으로 작업해보는 경험은 삶에 대한 영감을 제공하고, 생명에 대한 새로운 느낌을 제공하며, 작업 후에는 자기성취감을 경험할 수 있게 한다. 이를 통해 얻게 되는 성취감은 직접적으로 그 사람의 자존감 향상에 강한 영향을 주기 때문이다. 또한 식물을 키우면서 경험하는 성취감은 자부심과 자제력을 증진시킬 수 있으며 식물이 생육하는 모습 속에서 일에 대한 희망을 갖게 되고 창의력과 자기표현 능력을 개발할 수 있게 된다.

특히 식물 재배 및 관리 과정에서 제거한 잡초를 이용해서 퇴비를 만드는 활동은 쓸모없이 여겨져 제거된 존재를 유용하게 이용한다는 면에서 실패, 좌절, 절망, 죽음 등에 직면한 대상자에게 삶의 대안을 모색하게 유도하고 교정적 경험을 제공할 수 있다. 또한 허브차, 잼, 김치 담그기 등 수확 후 결과물을 이용하여 가공식품을 만들고 시식하고 나누는 것, 그리고 꾸미기 활동의 결과물을 나누는 것, 선물하는 것 등의 활동 또한 만족감과 성취감을 고취시킨다. 특히 압화나 드라이플라워를 이용한 활동, 포푸리 만들기 등의 활동은 퇴비 만들기와 마찬가지로 버려지고 쓸모없는 것들의 재활용이라는 의미에서 자기효능감, 자아 존중감이 낮은 대상자들의 자기 통찰 및 추후 행동 방안 모색에 기여할 수 있다. 뿐만 아니라 대상자 전체가 참여하는 기관 내 대규모 장식물 제작하기, 실내·외 정원 만들기 등의 협동 활동은 작업 단계의 집단 응집력을 강화하는 데 적절한 활동이다.

(4) 종결 단계의 치료적 개입

종결 단계에서 치료적 개입의 목표는 작업 단계에서 제시한 바 있는 생물학적 요인의 심리학적 통합, 상징적 의미, 평행적 주제 등을 이용하여 대상자의 통찰과 교정적 감정을 유도하고 이렇게 획득된 교정적 감정을 스스로 이해하고 강화시키기 위하여 교정적 감정에 이르렀거나 개별 목표를 달성한 전체 과정에 대한 개념적 구조화를 돕는 것이다.

이러한 개념적 구조화를 통하여 향후, 특히 치료 종결 이후 대상자 스스로가 자신의 행동 방안을 모색하게 하고, 그 모색 방안을 치료 종결 이전과 이후에 실천하도록 격려해야 한다. 활동의 반복이나 정교화를 통한 훈련과 연습, 나아가 실제 실행 과정에서 획득한 성취감과 만족감 같은 긍정적 정서를 경험하고 표현하는 것을 극대화할 수 있도록 도와야 한다.

또한 지속적인 공동 작업을 통하여 형성된 대상자들과의 상호작용과 협동심, 친밀감을 강화하고 강화된 상호관계의 지속 및 정리를 돕기 위하여 갑작스러운 이별을 통보하기보다 집단원예치료의 완료를 준비할 수 있도록 전체 회기 회고, 정리, 시작 단계에서 설정하였던 집단치료 과정의 목적, 개별 목표의 달성 정도를 확인하고, 느낌 나누기를 통하여 활동에 대한 반응을 확인하며, 다짐 나누기 등으로 집단원예치료 전체 과정에서 학습하거나 모색한 내용을 강화하도록 도와야 한다.

이에 따른 원예활동으로는 선물하기, 전시회 및 바자회와 같은 수확 활동, 수확과 꾸미기 결과물의 활용과 관련된 활동으로 만족감, 성취감, 자기 효능감 나아가 자아 존중감 향상에 기여하며 식물의 분리활동, 화분 정리하기, 식물체 정리, 텃밭 정리 등 재배 과정의 종결과 관련된 활동으로 치료의 종결을 예시하며, 종자 채취, 퇴비 만들기, 토양 중성화시키기, 토양에 퇴비 섞어두기 등의 향후 식재 준비와 관련된 활동이 있다. 이러한 활동들은 치료 종결 후 대상자가 자신의 행동방안을 모색하는 데 도움을 줄 수 있는 활동들이다. 또한 명상, 편지쓰기, 활동 느낌 나누기, 전체 활동에 대한 영상물 상영 등과 같은 작별하기 활동을 수행할 수더 있다.

〈표 4-2〉 단계별 치료적 요인, 개입 및 원예활동의 예

단계	치료적 요인	치료적 개입	원예활동
시작 단계	• 지도 (Landau,1991) • 감정적 자각-통찰 (Kivlighan,1997) • 인지적 요인 (권경인, 2001)	-치료사 및 대상자, 집단의 목적에 대한 소개 -치료 과정과 향후 진행될 프로그램에 대한 전반적인 내용 설명 -집단 규칙과 한계에 대하여 설명 -집단 규칙과 한계를 정하도록 대상자들을 유도 -이 모든 내용에 대해서 구체적이고 명확한 안내와 지시를 제공	-자신을 소개하는 활동(압화, 낙엽, 또는 식물을 이용한 이름표나 식물 모양의 이름표를 만들기) -자신이 불리어온 별명이나 불리고 싶은 이름, 새로이 태어나고자 하는 자신의 모습을 반영한 애칭 정하기 -식물이나 과일에 자신의 내 · 외적 모습을 투영하여 표현하기 -내면과 외면을 닮은 식물인형 만들기(잔디인형, 토피어리 등) -식물재배 및 활동 결과물이나 감상한 원예자원과 느낌을 자기 자신에게 선물하기 -활동 및 관계의 시작의 의미로써 번식활동 관찰하기 -호기심, 기대감 유발을 위한 번식활동 관찰하기
전환 단계	• 수용 (Landau,1991) • 관계-분위기 (Kivlighan,1997) • 정서적 요인(권경인, 2001)	-대상자들 사이에 탐색을 유도 -점차 갈등상황에 노출될 수 있도록 개별적, 부분적 협동이나 비지속적 협동 활동을 구성 -갈등과 저항을 인정하고 처리 할 수 있도록 개방형 질문하기 -강정표현, 의사표현 촉진하기 -긍정정 피드백을 통하여 대상자가 자신의 갈등과 감정이 수용되고 지지되고 있음을 확인할 수 있게 함	-식물의 해체, 분리 등과 관련된 활동(식물을 자르고, 찢고, 화분을 깨고, 꽃과 잎을 따서 눌러 말리고, 열매를 따는 등 일종의 파괴행위) -파괴의 행위가 감정 및 예술로 승화되어 재창조(만든 장식품으로 주위 환경을 개선하고, 다른 사람에게 선물하기 등)

단계	치료적 요인	치료적 개입	원예활동
작업 단계	• 대인관계학습, 자기 이해, (Landau,1991) • 문제정의 및 변화 (Kivlighan,1997) • 행동적 요인(권경인, 2001)	-식물의 생장사에서 일어나는 사건들에 자신의 상황을 빗대어 생각해보게 적극적으로 유도 -문제해결방법과 감정 조절 방안을 모색하도록 질문하거나 토론을 유도 -함께하고 협동하는 과정에서 책임을 부여하고 상호 친밀감과 공동체 의식을 갖도록 유도	-실패, 좌절, 절망, 죽음 등에 직면한 대상자에게 삶의 대안을 모색하게 하고 교정적 경험을 제공하는 활동 (퇴비 만들기, 활동의 결과물 나누기, 선물하기 활동, 압화나 드라이플라워를 이용한 활동, 포푸리 만들기) -수확 후 결과물을 이용하여 가공식품을 만들고, 시식하고, 나누기(허브차, 잼, 김치 담그기 등) -협동 활동(전체가 참여하는 기관 내 대규모 장식물 제작하기, 실내외 정원 만들기 등)
종결 단계	• 대인관계학습, 자기 이해 (Landau,1991) • 타인-자기 중심 (Kivilghan,1997) • 기타 요인(권경인,2001)	-교정적 감정에 이르렀거나 개별 목표를 달성한 전체 과정에 대한 개념적 구조화를 돕기 -실제 실행 과정에서 성취감, 만족감과 같은 긍정적 정서를 경험하고 표현하는 것을 극대화하기 -집단원예치료의 완료를 준비할 수 있도록 유도 -집단원예치료 전체 과정에서 학습하거나 모색한 내용을 강화	-수확활동(선물하기, 전시회 및 바자회 등) -수확과 꾸미기 결과물의 활용과 관련된 활동 -재배 과정의 종결과 관련된 활동(식물의 분리 활동, 화분 정리하기, 식물체 정리, 텃밭 정리 등) -향후 식재 준비와 관련된 활동(종자 채취, 퇴비 만들기, 토양 중성화시키기, 토양에 퇴비 섞어두기 등) -작별하기 활동(명상, 편지쓰기, 활동 느낌 나누기, 전체 활동에 대한 영상물 상영 등)

제5장
원예치료의 운영 방법과 과정

1. 원예치료의 운영 방법

원예치료의 효과를 극대화하기 위해서는 치료 환경을 최적화하는 것이 무엇보다도 중요하다. 이를 위해서 장소, 기간, 대상의 크기와 구성, 한계와 규칙, 구조성과 개방성을 고려하여야 한다. 구체적 내용을 설명하면 다음과 같다.

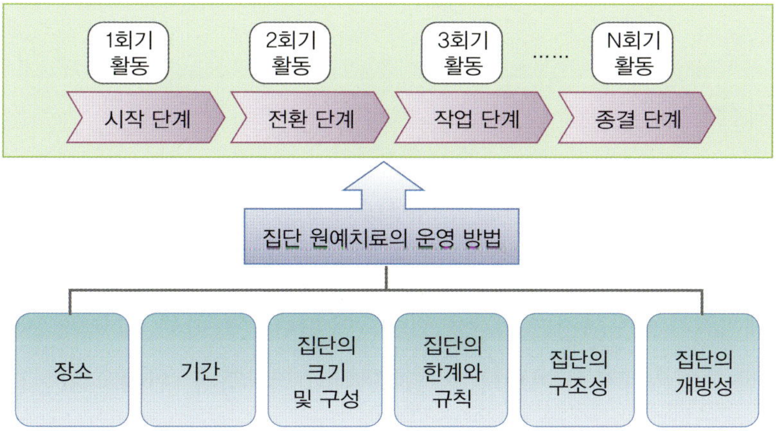

원예치료의 운영 방법

(1) 장소

원예치료를 진행하기 위해서는 집단 구성원들이 모여 작업할 수 있는 충분한 면적과 작업 공간이 필요하다. 테이블의 크기와 수, 치료실의 크기, 치료 정원, 텃밭, 화단, 높임화단의 크기와 수 등을 고려해야 하고, 다량의 재료 및 비품을 보관할 공간을 갖추고 있어야 한다. 또한 활동의 효율성을 방해하지 않는 적절한 수의 관수 시설, 싱크대, 활동의자, 휴식 시설 등이 구비되어 있어야 한다.

실내에서 진행할 경우, 집단치료는 개인치료에 비해 집중도가 낮아질 가능성이 있으므로 조명과 소음의 관리에 더욱 주의를 기울여야 하며, 여러 사람이 실내에 모여 있어서 발생하는 실내 공기의 오염과, 흙 등의 소재에서 발생하는 먼지, 식물이 뿜어내는 향 등으로 인한 불쾌감을 조절하기 위하여 통풍 및 환기가 잘 이루어지는지 등을 고려해야 한다.

실내에서 진행할 경우, 개인의 이동에 비해 집단이 이동할 때의 소요 시간이 더 긴 것을 감안하여 활동 장소까지의 거리를 고려하고, 실내 활동에 비해 산만해질 가능성이 있으므로 회기별 활동의 도입 및 정리단계에 이용될 독립성이 보장되는 주위 공간이 마련되는 것이 바람직하다.

(2) 기간

원예치료가 이루어지는 시간을 회기에 따라 분류하면, 단기 과정과 장기 과정으로 나눌 수 있다. 단기 과정은 12회기 이하, 장기 과정은 13회기 이상이 적절하며 또한 원예치료가 이루어지는 시간을 집중도에 따라 분류하면, 집중 과정은 주 3회 이상, 분산 과정은 주 3회 이하의 정기적 만남이 적당하다. 원예치료는 집중 과정보다는 분산 과정을 더 선호하고, 주 1회가 가장 선호되는 것으로 보고되고 있다. 그 이유는, 현재 국내의 경우 원예치료사가 고용이 되어 있는 경우가 매우 드물고

치료사가 해당 장소로 출장을 가는 형태가 대부분이다. 결과적으로 이런 환경적 요인이 집중 과정보다 분산 과정을 선호하는 요인으로 작용하고 있다.

활동의 1회기 당 시간은 도입단계 10~20분, 전개단계 30~50분, 반응 확인과 정리 및 마무리 단계 각 10~15분으로 하여, 총 55분에서 90분 정도가 적절하다.

(3) 대상의 크기와 구성

집단의 크기, 즉 대상자의 수와 구성을 결정할 때에는 연령이나 치료적 문제, 문제의 심각성 정도 등과 같은 집단을 구성하는 대상의 특성과 다양성을 고려해야 한다. 현재 국내의 원예치료는 대부분 원예치료사가 기관의 의뢰를 받거나 기관에 원예치료를 제안하여 이루어지고 있는데, 이때 기관과 협의를 이루어야 하나 집단 구성에 대한 최종적인 결정은 원예치료사가 할 수 있도록 자율성을 인정받아야 한다. 집단 크기가 너무 작으면 집단치료에서 나타날 수 있는 특성이 부족할 수 있고, 집단의 크기가 너무 크면 주어진 시간 내에 각 대상에게 충분한 시간을 제공하기 어려울 뿐만 아니라 집단 상호작용이 너무 복잡해지거나 피상적이 될 수 있다. 따라서 집단의 크기는 4~15명 정도가 적당하다.

(4) 한계와 규칙

한계와 규칙은 치료 집단이 전체 목적과 개인 목표를 향해 나아갈 방향을 제시하는 것과 관련된다. 집단 원예치료 과정을 시작하거나 새로 포함된 대상자에게는 집단의 기본규칙과 한계에 대한 규정을 알릴 필요가 있다.

기본규칙 중 첫째는 일반적인 사회 규칙에 해당하는 것으로, 타인에 대한 존중, 시간 엄수, 화장실 사용, 휴식 공간 사용 안내 등이 해당한다. 또 음료수, 음식, 간식, 담배, 전화 등 허용될 수 있는 것과 허용될 수 없는 것에 관하여 집단에서 스스로 결정하고 제한할 수 있도록 한다.

둘째는 활동과 관련된 일반적인 규칙으로, 식물이나 흙 등의 소재와 관련한 사항, 호미나 삽 등의 도구를 던지고 허가 없이 파괴하거나 동료 대상자의 활동을 방해하거나 결과물을 손상시키는 것과 관련한 규칙 등이 해당한다.

셋째는 당일 활동의 활동 재료의 배분, 활동 후 결과물의 처리, 회기 내 주어진 역할과 관련된 규칙 등과 같은 회기별 활동에 따른 실질적이고 세부적인 규칙이 해당한다.

넷째는 원예치료 과정에서 일어났던 사건, 나누었던 대화, 동료 대상자의 신상에 관한 비밀 유지의 중요성을 인식시키도록 하는 것이 해당한다.

한계에 대한 규정 중 첫째는 기관에서 제시한 규정과 사항을 살피는 것이 해당한다. 특히 병원의 폐쇄 병동이나 교도소 등과 같은 곳에서는 장소 내에서 규칙을 어기지 않는 범위 내에서 활동이 이루어져야 할 것이다.

둘째, 시간의 한계에 대해 설명하는 것이 해당한다. 회기별로 주어지는 시간, 회기 내 도입, 정리, 전개단계에 따라 또는 작업 중 다음 과정으로 넘어가기 위한 시간이 어느 정도 남아 있는지, 작업을 수행하기 위해 주어진 시간은 어느 정도인지에 대한 시간의 한계를 제시하는 것이다.

셋째는 활동 중 대화를 장려할 것인가 제한할 것인가 하는 것이 해당한다. 대화는 동료 간의 상호작용을 강화하고 작업에 대해 상의할 수 있고 동료와 결과물에 대한 느낌을 나눌 수 있게 허용되거나 권장되기도 하나 의도적으로 집중을 유도하고 동료를 방해하지 않기 위하여 치료사가 대화의 허용을 제한할 수 있다. 그러나 대화가 허용된 활동에서 집중으로 인하여 자연스럽게 대화가 중단되거나 절제되었다면 그 집중 상황과 조용한 분위기를 일부러 대화를 유도하여 분산시킬 필요는 없다.

(5) 구조성

구조성의 목적을, 치료활동에 참여하는 대상자를 A, B, C, D 네 집단으로 나누었다는 가정하에 설명해보겠다. 먼저 A집단은 원예치료의 회기 시작부터 마지막까지 공동 목표를 가지고 함께 작업하는 집단으로, 텃밭을 가꾸어 결과물을 수확하는 활동에서 개인별 텃밭을 제공하지 않고 공동 텃밭에서 작업한 뒤 수확물을 함께 나누어 먹거나 공동의 결정으로 이용한다.

B집단은 공동 크리스마스트리를 장식할 목적으로 몇 회기의 활동을 수행할 시, 일부 회기는 작업 후 결과물을 공동 크리스마스트리 장식을 위하여 사용하고 일부 회기의 결과물은 개인이 소유하여 가져갈 수 있도록 작업한다.

C집단은 전체 활동이 대부분 개별 작업으로 이루어지나 일부 회기에서는 기관에 설치할 실내정원을 꾸미거나, 개인적으로 소유할 수 없는 공동 접시정원, 공동 꽂꽂이 등의 공동 작업을 수행한다. 예를 들어, 총 26회기의 전체 회기 중에 접시정원 만들기(그룹 작업)는 5개의 회기로 구성하고 나머지 21회기는 개별 활동으로 구성한다.

D집단은 전체 활동의 총 회기를 개별 작업으로 진행하는 것으로, 개인 결과물을 완성한 후 가져가거나 개인 텃밭 활동 후 수확물을 개인적으로 이용한다.

이러한 집단 구조성의 결정은 대상자의 특성, 집단 발달단계, 대상자 욕구, 시간 등에 따라 치료사가 결정해야 한다. 이때 지나치게 집단을 구조화시키면 대상자의 창의성과 자율성, 다양성을 저해할 수 있고, 지나치게 비구조화시킬 경우 대상자는 새로운 경험과 불안으로 시간과 에너지를 소비할 우려가 있다.

(6) 개방성

원예치료 집단은 개방성의 정도에 따라 폐쇄 집단과 개방 집단으로 나눌 수 있다. 폐쇄 집단은 치료활동 시작 후에는 새로운 대상자를 받아들이지 않고 초기 대상자를 중심으로 완료하는 것이고, 개방 집단은 집단이 허용하는 한도 내에서 새로운 대상자를 투입시키는 것을 말한다. 그러나 폐쇄 집단의 경우는 대상자가 누락될 가능성 있어 치료 종료 시에 시작 당시 인원이 유지되지 않는 경우도 있다. 개방 집단의 경우에는 불안정성이 약점이기는 하나 그때마다 집단 내에서 평형을 유지하고 안정감을 얻으려는 움직임을 경험할 수 있다. 또한 개방 집단은 현실 상황과 비슷하기 때문에 집단 효과의 전이가 용이하다.

2. 원예치료의 과정

(1) 사정 단계

사정(査定)단계는 집단원예치료 과정의 첫 단계로, 대상자에 대한 다양한 정보를 수집하고 치료 환경의 최적화를 위한 운영 방법 수립을 위한 자료를 확보하여 대상자 중심의 치료가 원활하게 운영될 수 있도록 ① 인구통계학적 자료 수집 ② 의학 · 건강학적 자료 수집 ③ 원예치료적 자료 수집 ④ 운영 방법 계획을 위한 유 · 무형의 자원 확인을 위한 준비 단계이다.

1) 자료 수집 내용

① 일반적 특성

가장 먼저 인구 통계학적 특성을 파악한다. 성명, 성별, 연령, 생년월일, 주소, 연락처, 교육 정도, 직업, 고용 형태, 종교, 결혼 여부, 가족 사항, 경제 상태, 주거 형태 등을 확보한다.

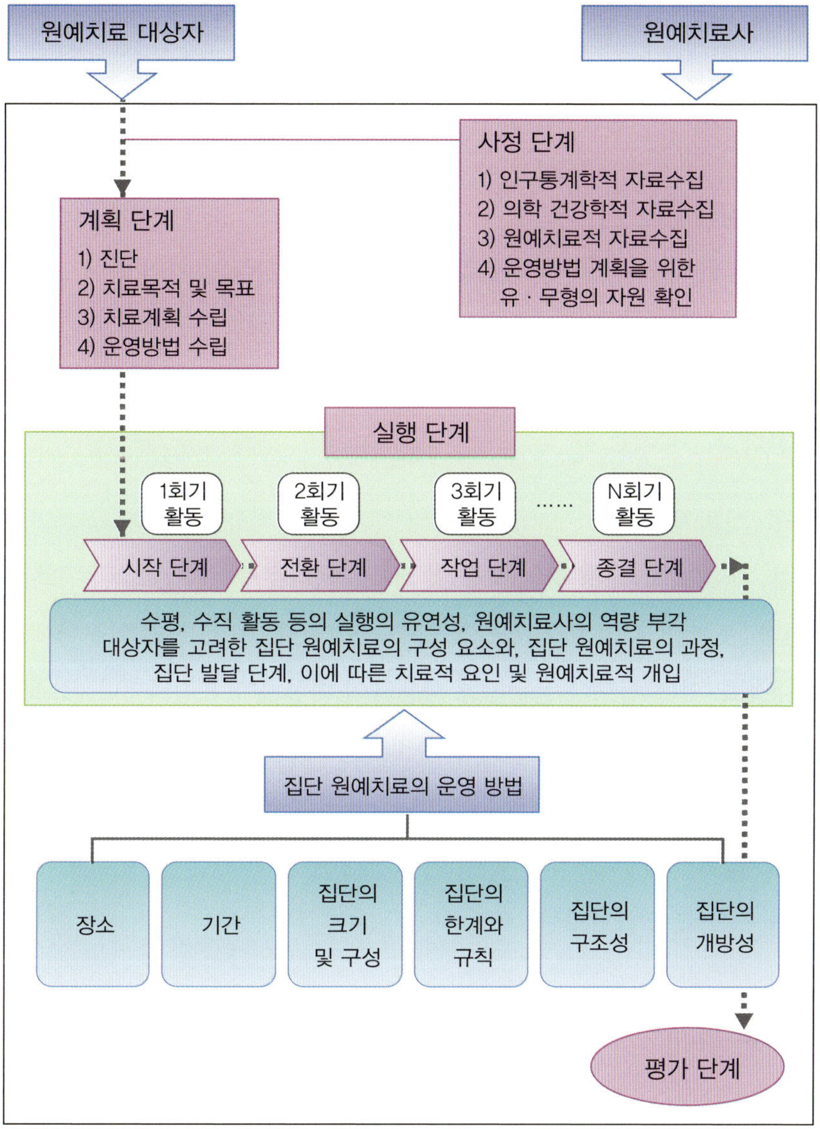

집단원예치료 과정

② 건강 상태

대상자에 대한 신체적, 정신적 병력과 현재의 건강 상태를 파악한다.

• 신체적 상태

원예치료사는 건강 관리팀과 협력하여 사정 · 진단해놓은 자료와 기록지를 참고, 활용한다.

• 인지적 상태

치료적 문제인 동시에 대상자가 수행할 원예치료 활동의 지적 난이도를 결정하기 위한 기초 자료를 수집한다. 집중력, 기억력, 문제 해결 능력, 이해력, 주의 집중 정도, 판단력, 논리력, 지남력, 의사결정 능력, 지시수행 능력의 기능 정도와 양상을 파악한다.

• 심리 · 사회적 상태

자존감, 자아 정체감, 행복감, 생동감, 희망, 불안, 우울, 분노, 고독, 두려움, 공격성, 실망감, 초조감, 무가치감, 실망감 등을 파악한다. 기존 심리학 분야에서 개발되어 사용되고 있는 척도나 설문지를 사용하여 대상자가 표현하거나, 스스로 자각하여 보고하는 정서 상태를 분석하고 파악한다. 또한 관찰과 면담을 통해 파악할 수 있는 정서 반응과 행동 특성을 파악한다. 예를 들어, 사회적 작용에 관련되는 대인관계 능력, 의사소통 능력, 사회 적응력, 자기 통제력, 협동력, 직업적 활용 능력, 여가 활용 기술 등을 파악한다.

(2) 계획 단계

사정 단계에서 파악한 대상자들의 치료 문제를 토대로 명확한 치료 목적과 치료 목적 달성을 위한 단계적 치료 목표를 설정한다. 또한 치료 환경의 최적화를 위해 운영 방법을 계획하고, 적합한 원예치료 계획을 수립하기 위해서 ① 진단, ② 치료 목적 및 목표 수립, ③ 집단 원예치료의 운영 방법 수립 ④ 치료 계획 수립의 단계를 거쳐야 한다.

1) 진단

사정 과정을 통하여 수집된 자료를 기초로 예방 그리고 치료, 재활 가능한 대상자의 치료 문제를 확인하여 명료화하는 과정이다. 정확한 진단은 치료 효과에 직접적 영향을 주는 특성을 가지고 있으며 원예치료를 통하여 해결할 수 있는 문제로 우선 순위를 두어 진단해야 한다.

2) 치료 목적 및 목표 수립

① 치료 목적

원예치료를 통해 최종적으로 얻기를 원하는 바를 설정하는 것이다. 예를 들어, 손상된 신체 기능을 일정 수준까지 회복시키기, 부족한 사회성을 키우기, 활동을 통해 대상자 자신의 문제를 직시하고 인간관계를 회복하기 등이 있다.

② 치료 목표

최종 치료 목적에 도달하기 위한 단계적 과정으로, 매회기 치료 결과에 따라 수시로 수정되고 새로 수립되어질 수 있다.

3) 집단 원예치료의 운영 방법 수립

집단원예치료에 대한 치료 목적과 목표를 수립한 후 치료 환경의 최적화를 위해 다양한 운영 방법을 고려해야 한다. 구체적으로 ① 장소와 분위기 ② 기간 ③ 집단의 크기 및 구성 ④ 집단의 규칙과 한계 ⑤ 집단의 구조성 ⑥ 집단의 개방성에 대한 계획 수립이 필요하다.

4) 치료 계획 수립

① 전체 원예치료 프로그램 계획

진단을 통해 치료 목적을 수립하고 치료 목적에 부합하는 전체 치료 프로그램을 수립하는 단계로 계절, 시간, 장소 등을 고려해야 한다.

② 회기별 원예치료 활동 계획

전체 치료 프로그램을 기초로 매회기 2~3개 정도의 활동 목표를 계획하고 단계적으로 최종 치료 목적에 도달할 수 있도록 치료 목적과 부합되는 일관성 있는 활동을 계획해야 한다.

(3) 실행 단계

사정 단계와 계획 단계를 통한 자료 수집과 계획을 바탕으로 원예치료 과정 중 원예치료사의 실행능력 등 치료사의 역량이 부각되는 단계이다. 계획 과정에서 결정한 활동을 수행하나 대상자의 특성과 상황을 회기별로 평가함으로써 수평 활동, 수직 활동 등으로 실행의 유연성을 발휘해야 한다.

(4) 평가 단계

원예치료 과정의 마지막 단계로서 목적이 달성되었는지에 대해 평가하는 단계로, 매 회기별 활동 후 확인하고 기록한 데이터와 전체 치료 프로그램 완료 후 척도나 대상자들의 행동 양상의 변화 등을 취합하여 자료화할 수 있다.

제2부

원예치료의 실제

제6장 대상별 원예치료 프로그램 설계

1. 아동의 사회 능력 향상을 위한 원예치료 프로그램

1) 프로그램의 개요

아동을 대상으로 한 원예활동은 사회관계 능력을 향상시키기 위한 활동으로 시도할 수 있는데, 주제나 과제를 완성해나가기 위해 '주제 중심형 활동'으로 구성하고, '우리 함께하기'라는 주제로 총 8회기로 구성할 수 있다. 활동의 세부 내용 구성은 대상자의 특성과 기관의 환경적 요소, 활동 장소 등에 따라 치료사가 적절히 재구성할 수 있다.

2) 프로그램의 목적

자신인 '나'와 타인인 '너'를 알고 '우리'를 이해하고 화합함으로써 사회관계 능력을 함양하여 동료 및 가족, 더 나아가 주변인들과의 긍정적 대인관계를 형성하도록 하는 것이다.

3) 실시 대상 및 크기

아동을 중심으로 구성되었으나 난이도 및 재료의 선택 등을 고려하여 모든 대상에게 실시할 수 있다. 주치료사 1인, 보조치료사 1인을 기준으로, 집단 활동 시 3~5명이 가장 적절하며 10명 이내가 바람직하다.

4) 실시 장소

작업할 수 있는 테이블이 있는 실내·실외 공간에서 실시할 수 있다. 실시기관 내의 모든 장소에서 실시할 수 있으나, 호기심이 많고 산만한 아동의 특성을 고려하여 집중도를 높일 수 있는 공간을 추천한다.

5) 실시 시간

소재의 선택에 따라 연중 활동이 가능하다.

6) 한계 및 규칙

일반적인 사회 규칙에 해당하는 것으로, 활동시간을 지키도록 한다. 집단의 연령 특성상 규칙을 따르게 하기 위한 동기부여가 필요하다. 예를 들어 벌금제나 스티커제를 둘 수 있다. 프로그램이 진행되는 과정에서 집중할 수 있는 분위기를 만들기 위해 화장실 사용과 핸드폰 사용을 허용하지 않는 것이 바람직하다.

7) 집단의 구조

활동을 집단으로 진행할 경우, 총 회기를 공동 작업으로 진행하느냐, 개별 작업으로 진행하냐느에 따라 구조가 달라진다. 총 회기를 공동 작업으로 진행할 때는 독특한 집단과제와 공동 목표를 향하는 지속적인 구조 집단이 바람직하다. 총 회기를 개별 작업으로 진행할 때는 집단의 형태를 유지하나 구성원들이 개별 작업을 통해 자기의 길을 추구하며 궁극적으로는 집단 내에서 만나게 되는 지속적인 비구조 집단이 바람직하다.

8) 집단의 개방성

공동 과제나 목표 또는 개별 과제나 목표를 전체 원예활동을 거쳐 완성하기 위하여 첫 회기부터 마지막 회기까지 모두 참여하는 것이 바람직하므로 폐쇄 집단 형태가 바람직하다.

9) 원예치료 프로그램

회기별 활동명, 활동 목표 및 내용, 원예치료에서 시도할 수 있는 개입 정도로 프로그램을 구성하는데, 8회기의 예를 들어보면 다음 표와 같다.

회기	구 분	내 용
1	활동명	동물 토피어리 만들기
	활동 목표 및 내용	평소 친해지고 싶었던 친구를 생각하며 동물 토피어리를 만들어 그 친구에게 선물한다. 타인에게 다가가는 방법을 마음으로 배운다.
	치료적 개입	토피어리 선물을 통하여 타인과의 교류를 유도한다.

회기	구 분	내 용
2	활동명	향기식물로 비누 만들기
	활동 목표 및 내용	향기식물 잎을 따서 비누 반죽에 섞어 원하는 모양의 비누를 완성한다. 받는 것과 주는 것 중 어떤 것이 더 행복한지 생각해본다.
	치료적 개입	선물과 관련된 기억이나 선물을 받거나 주었을 때의 느낌 등을 회상하고 그것에 대해 이야기 나누도록 유도한다.
3	활동명	향기식물 잎으로 차 만들기
	활동 목표 및 내용	잎을 거즈 포장에 넣어 티백으로 만든다. 오래 기다린 후 얻을 수 있는 결과물은 무엇인지 생각해본다.
	치료적 개입	누군가 또는 무엇인가를 기다려본 경험을 회상하고 기다림을 통해 얻을 수 있었던 것과 느꼈던 것이 무엇인지 이야기 나누도록 유도한다.
4	활동명	식물 찾기
	활동 목표 및 내용	잎, 줄기, 뿌리 사진을 보고 실제 나무를 찾아 한 그루의 나무를 완성한다. 문제를 해결하는 능력과 사물을 분석해 보는 기회를 가진다. 협동과 역할 분담을 배운다.
	치료적 개입	동료들과 협동하여 나무를 완성하는 과정을 통해 동료나 치료사와 긍정적으로 소통하며, 친사회적 행동을 발휘할 수 있도록 유도한다.
5	활동명	쪽파 심기
	활동 목표 및 내용	쪽파와 관련된 음식을 집에서 미리 알아오며 동료들과 함께 요리를 결정한다. 공동의 목표와 책임감을 공유하며 기대감을 가진다.
	치료적 개입	동료들과 의사소통하는 기회를 제공하고, 토의하고 협력하여 요리를 결정하도록 유도한다.
6	활동명	협동 꽃꽂이
	활동 목표 및 내용	좋아하는 절화를 선택하여 릴레이식으로 꽃바구니를 완성한다. 기다리고 양보하며 서로에게 좋은 자리를 추천해주며 서로의 입장을 이해한다.
	치료적 개입	함께 꽃꽂이를 완성하는 과정에서 그룹 구성원 간에 협동을 경험하도록 하며, 성취감을 느끼고 집단 안에서 공유하도록 한다.

회기	구 분	내 용
7	활동명	쪽파 요리하기
	활동 목표 및 내용	전 시간에 동료들끼리 역할을 결정하여 집에서 도구 한 가지씩을 준비해온다. 서로의 역할을 지지해주며 역할 바꾸기를 제안한다. 함께하기 위해 갖추어야 할 자세를 경험한다.
	치료적 개입	요리하는 과정에서 그룹 동료 간에 자연스럽게 교류가 이루어지도록 하며, 서로의 역할에 대해 인식하고 협력하여 요리를 완성할 수 있도록 유도한다. 함께하기 위해 필요한 것이나 갖추어야 할 자세 등에 관해 생각해볼 수 있는 기회를 제공하고, 친사회적 행동을 발휘할 수 있도록 격려한다.
8	활동명	식물 정리하기
	활동 목표 및 내용	시든 잎이나 죽은 식물을 텃밭에 거름으로 뿌려준다. 거름으로 돌아감의 의미를 생각한다.
	치료적 개입	동료들과 협동하여 식물들을 정리하며, 활동 및 그룹 구성원 간에 관계를 정리할 수 있도록 유도한다. 거름으로 돌아감에 대해 자유롭게 이야기 나누며, 시들거나 죽은 식물에 자신의 모습을 투영하고 의미를 부여할 수 있는 기회를 제공한다.

2. 중학생의 자아 존중감 향상을 위한 원예치료 프로그램

1) 프로그램의 개요

전체 원예활동은 특이한 주제나 과제를 완성해 나가기 위해 구성된 '주제 중심형 활동'과 꾸미기, 기르기, 느끼기, 기타로 분류한 원예활동의 범주를 기준으로 범주 내에서 선택하여 구성한 '범주 중심형 활동'이 혼합되어 구성된다. 즉, "선물"을 주제로 한 주제 중심형 활동과 "꾸미기" 범주의 범주 중심형 활동이 수평적으로 혼합되고, 중학생의 자아 존중감 향상을 목적으로 총 12회기로 구성된다. 또한, 활동의 세부 내용 구성은 대상자의 특성과 기관의 환경적 요소, 활동 장소 등에 따라 치료사가 적절히 재구성할 수 있다.

2) 프로그램의 목적

또래 친구들과 함께 어울리고 실천적 경험과 다양한 성공 경험을 해볼 수 있는 기회를 제공한다. 이로써 자신의 능력에 대해 자신감을 갖게 되고, 치료사의 긍정적 피드백으로 인해 성취감을 높일 수 있어 자아 존중감이 향상되도록 한다.

3) 실시 대상의 구성 및 크기

중학생을 중심으로 구성되었으나 난이도 및 재료의 선택 등을 고려하여 모든 대상에게 실시할 수 있다. 특히, 자아 존중감이 저하된 대상이나 긍정적 자아 존중감 형성이 중요한 아동기와 청소년기에 있는 대상에게 실시하는 것을 추천한다.

주치료사 1인, 보조치료사 1인을 기준으로, 집단 활동 시 3~5명이 가장 적절하며 10명 이내가 바람직하다.

4) 장소

작업할 수 있는 테이블 또는 전기 시설 등이 갖춰져 있는 실내 공간이 있는 모든 기관에서 실시할 수 있으나 실내 공간이 확보되지 않을 시에는 테이블이 배치되어 있는 실외 공간에서도 실시할 수 있다. 실시 기관 내의 모든 장소에서 실시할 수 있으나, 특별히 장식을 요하는 공간을 선정하여 진행하는 것도 추천한다.

5) 기간

소재의 선택에 따라 연중 활동할 수 있으나, 계절적으로 실외 활동이 어려운 11~2월의 겨울 프로그램으로 활용하는 것을 추천한다. 주 대상 연령의 집중 가능 시간을 고려하여 50분에서 1시간 정도가 바람직하다.

6) 한계 및 규칙

일반적인 사회 규칙에 해당하는 것으로, 활동 시간을 지키도록 한다. 프로그램이 진행되는 과정에서 집중할 수 있는 분위기를 만들기 위해 화장실 사용과 핸드폰 사용을 허용하지 않는 것이 바람직하다. 완성된 결과물을 개인이 소장할 것인지, 기관에 장식할 것인지를 활동 안에서 결정하도록 한다.

7) 집단의 구조

활동을 집단으로 진행할 경우, 총 회기를 공동 작업으로 진행하느냐, 개별 작업으로 진행하느냐에 따라 집단의 구조가 달라진다. 총 회기를 공동 작업으로 진행할 때는 독특한 집단 과제와 공동 목표를 향하는 지속적인 구조 집단이 바람직하다. 총 회기를 개별 작업으로 진행할 때는 집단의 형태를 유지하나 구성원들이 개별 작업을 통해 자기의 길을 추구하며 궁극적으로는 집단 내에서 만나게 되는 지속적인 비구조 집단이 바람직하다.

8) 집단의 개방성

공동 과제나 목표 또는 개별 과제나 목표를 전체 원예활동을 거쳐 완성하기 위하여 첫 회기부터 마지막 회기까지 모두 참여하는 것이 바람직하므로 폐쇄 집단 형태가 바람직하다.

9) 원예치료 프로그램

회기	구 분	내 용
1	활동명	오리엔테이션-압화 이름표 만들기
	활동 목표 및 내용	-압화로 이름표를 만들어 자신을 타인에게 소개할 수 있다. -원예치료 시간에 지킬 규칙을 이야기할 수 있다.
	치료적 개입	-원예활동에 대해 소개함으로써 프로그램을 예측할 수 있도록 하여 안정감을 갖도록 하고, 소개할 때에 치료사의 기대를 보여준다. -치료사가 먼저 애칭을 짓는 시범과 만드는 시범을 보여주어 편안한 마음으로 수행할 수 있도록 한다. -종이에 '나는'으로 시작하는 3문장을 긍정적인 문장으로 자연스럽게 적을 수 있도록 유도한다.
2	활동명	잔디인형 만들기
	활동 목표 및 내용	-자신의 장점과 단점에 대해 이야기할 수 있다. -자신을 닮은 잔디인형을 자신에게 선물할 수 있다.
	치료적 개입	-원예치료 시간 동안 지킬 규칙을 치료사와 대상자 스스로 정하도록 함으로써 안정감을 갖도록 한다. -정해진 규칙을 소개할 때에 치료사의 기대를 보여준다. -자신의 장점과 단점을 작성할 때에 치료사가 먼저 시범을 보여주어 편안한 분위기를 유도하여 자유롭게 생각할 수 있도록 한다. -잔디인형 안에 넣은 단점을 반대로 적은 내용을 이야기할 때, 잔디와 함께 장점으로 자라날 것을 기대하도록 한다. -잔디인형을 소개한 후, 긍정적 피드백과 박수를 유도함으로써 성취감을 가질 수 있도록 한다.
3	활동명	잡곡 액자 만들기
	활동 목표 및 내용	-자신의 특징에 대해 이야기할 수 있다. -콩으로 자신의 모습을 표현하여 장식할 수 있다.

회기	구 분	내 용
	치료적 개입	-2명씩 짝을 이루어 서로의 얼굴을 바라보고 표정 및 특징을 이야기함으로써 타인에게 비친 자신의 상에 대하여 이해하도록 한다. -거울을 바라보고 다양한 표정을 지어보게 함으로써 자신만의 특징을 살펴볼 수 있도록 유도한다. -액자를 친구들에게 소개할 때 자신의 특징 및 개성에 대해 자유롭게 이야기할 수 있도록 수용적인 분위기를 유도한다. 이때 긍정적인 피드백을 주어 긍정적인 자아상을 갖도록 촉진한다. -발표 시 자신만의 고유한 특징을 가지고 있는 유일한 존재임을 인식시켜준다.
4	활동명	압화 핸드폰 고리와 압화 카드 만들기
	활동 목표 및 내용	-자신에게 선물할 압화 핸드폰 고리를 스스로 만들 수 있다. -감사한 마음을 담을 카드를 압화를 이용하여 만들 수 있다.
	치료적 개입	-'제비뽑기'로 짝을 정해줌으로써 활동에 흥미를 갖게 하고, 새로운 짝과의 교류를 유도한다. -압화 재료를 짝과 함께 나누어 쓰도록 함으로써 상호작용을 유도한다. -자신의 짝이 이야기한 '칭찬 받을 점'에 대해 발표하도록 하고, 이에 칭찬함으로써 소속감과 성취감을 느끼도록 한다. -발표를 잘한 친구를 추천하여 선정하도록 함으로써 자신감과 소속감을 갖도록 한다.
5	활동명	꽃바구니 만들기
	활동 목표 및 내용	-부모님의 소중함과 감사한 마음에 대해 생각할 수 있다. -나 자신이 사랑받고 있음을 인식할 수 있다. -스스로 만든 꽃바구니를 부모님께 선물할 수 있다.
	치료적 개입	-'제비뽑기'로 짝을 정해줌으로써 활동에 흥미를 갖게 하고, 새로운 짝과의 교류를 유도한다. -3~4명이 한 그룹을 이루어 그룹의 이름을 정하도록 함으로써 대상자 간 상호작용을 유도한다. -감사한 마음을 전하고 싶은 대상에게 카드를 쓰도록 함으로써 감사한 마음을 표현할 수 있는 기회를 제공한다. -그룹별로 발표하도록 하고, 다른 그룹이 발표할 때 가장 잘 경청한 그룹에게 스티커를 주겠다고 이야기하여 집중을 유도하고 소속감을 증진시킨다. -완성한 꽃바구니와 카드의 내용을 발표할 때에 치료사는 긍정적 피드백을 주어 부모님 또는 다른 대상에게 자신이 사랑받고 있음을 인식할 수 있도록 도와준다.

<table>
<tr><th>회기</th><th>구 분</th><th>내 용</th></tr>
<tr><td rowspan="3">6</td><td>활동명</td><td>포푸리 주머니 만들기</td></tr>
<tr><td>활동 목표 및 내용</td><td>-포푸리 및 재료를 스스로 선택하여 만들 수 있다.
-감사한 마음을 전하고 싶은 선생님을 이야기할 수 있다.
-스스로 만든 포푸리 주머니를 선생님께 선물할 수 있다.</td></tr>
<tr><td>치료적 개입</td><td>-짝과의 이야기를 통해 짝이 좋아하는 향의 포푸리를 선택하도록 함으로써 대상자 간 상호작용을 유도한다.
-자기소개글을 짝과 바꾸어 보아 짝과의 공통점과 차이점을 발견하고, 공통점에 대해 간단하게 작성하도록 함으로써 소속감을 증진시킨다.
-치료사가 그룹의 공통점을 이야기할 때에 어느 그룹인지 맞추도록 하여 가장 많이 맞춘 그룹에게 스티커를 주어 집중을 유도하고 소속감을 증진시킨다.
-그룹별로 발표할 때, 완성한 포푸리의 차이점을 이야기하고, 서로에게 선물하도록 함으로써 서로를 수용하도록 유도한다.</td></tr>
<tr><td rowspan="3">7</td><td>활동명</td><td>접시정원 만들기</td></tr>
<tr><td>활동 목표 및 내용</td><td>-식물과 비교하여 자신의 특성을 이야기하고, 수용할 수 있다.
-자신이 만든 접시정원에 이름을 지어 자랑할 수 있다.
-스스로 만든 접시정원을 선물하고 싶은 대상에게 선물할 수 있다.</td></tr>
<tr><td>치료적 개입</td><td>-2~3명이 짝을 이루어 그룹의 이름을 정하도록 함으로써 대상자 간 상호작용을 유도한다.
-다양한 식물을 관찰하여 서로의 특징이 다름을 관찰할 수 있도록 하고, 짝과 닮은 식물을 선택하도록 함으로써 짝에 대해 생각해보는 시간을 갖는다.
-식물과 짝의 닮은 모습에 대해 생각할 때에 긍정적인 모습을 찾도록 제안함으로써 책임의식을 높인다.
-짝과 접시정원을 만들 때에 역할 분담을 하도록 하여 집단원으로서 역할을 배우도록 유도한다.
-짝과 닮은 식물에 대해 다시 한 번 생각해보도록 함으로써 타인 수용을 촉진시킨다.
-짝과 닮은 식물과 그 이유에 대해 발표할 때에 치료사가 긍정적 피드백을 주어 수용됨을 경험하도록 하여 소속감을 증진시킨다.
-발표 시, 가장 잘 설명한 그룹에게 스티커를 주어 그룹원으로서 책임의식을 높인다.</td></tr>
<tr><td rowspan="2">8</td><td>활동명</td><td>실내정원 만들기 1</td></tr>
<tr><td>활동 목표 및 내용</td><td>-짝과 함께 2가지의 허브를 삽목하여 허브화분을 만들 수 있다.
-허브가 얼마나 자랄지 생각해볼 수 있다.</td></tr>
</table>

회기	구 분	내 용
	치료적 개입	-활동을 소개할 때, 치료사가 대상자에게 기대하는 것에 대해 전달함으로써 목적감을 증진시킨다. -지난 시간 접시정원을 멋지게 완성한 것에 대해 이야기하며 성공에 대한 치료사의 신뢰를 전달하고, 희망과 용기를 북돋아줌으로써 스스로 신뢰할 수 있도록 유도한다. -삽목한 허브가 4주 후에 얼마나 자랄 수 있을지 짝과 목표를 세울 때에 현실적인 목표를 세우도록 유도한다. -목표 수행을 위한 단계를 설정하여, 종이에 작성하고, 체크할 수 있도록 한다.
9	활동명	실내정원 만들기 2
	활동 목표 및 내용	-짝과 함께 새싹채소를 파종하고, 자랄 모습을 기대할 수 있다. -새싹채소로 만들 샌드위치에 넣을 재료와 방법을 작성할 수 있다.
	치료적 개입	-지난 시간에 삽목하였던 허브가 잘 자라도록 하기 위해 정한 '해야 할 일'을 수행하였는지 확인함으로써 목표를 달성할 수 있도록 용기와 희망을 전달한다. -지난 활동 때 완성했던 잔디인형에서 싹이 났던 성공 경험에 대해 이야기하여 치료사의 신뢰를 전달하고, 희망과 용기를 북돋아줌으로써 스스로 신뢰할 수 있도록 유도한다. -새싹채소로 만들 샌드위치에 그룹별로 사용할 재료를 선택하여 어떤 샌드위치를 만들지 목표를 정하도록 한다. 이때, 방법을 작성한 샘플을 보여주고, 치료사가 개입함으로써 쉽게 작성할 수 있도록 도와준다.
10	활동명	실내정원 만들기 3
	활동 목표 및 내용	-새싹채소가 자란 모습을 관찰하고, 이야기할 수 있다. -계획한 재료와 방법으로 샌드위치를 만들 수 있다. -샌드위치를 다른 그룹에게 선물하여 함께 먹을 수 있다.
	치료적 개입	-지난 활동 때 그룹별로 계획한 샌드위치 만드는 방법을 재확인하여 구체화하도록 한다. -재료를 선택하고, 만드는 방법을 계획대로 수행하도록 함으로써 목표를 달성하도록 한다. -자신이 직접 새싹채소 씨앗을 파종하고 키워 샌드위치를 만들어 먹는 과정에 대해 이야기 나누도록 함으로써 자신의 능력에 긍정적인 태도를 갖도록 유도한다. -발표 시, 가장 잘 설명한 그룹에게 스티커를 주어 그룹원으로서 책임의식을 높인다.

회기	구 분	내 용
11	활동명	실내정원 만들기 4
	활동 목표 및 내용	-다양한 재료 중 그룹별로 사용할 재료를 선택할 수 있다. -그룹 내에서 협동하여 실내정원을 만들어 학교에 선물할 수 있다. -자신의 역할과 소감 및 실내정원의 특징에 대해 발표하도록 한다.
	치료적 개입	-식물의 특성과 심는 방법, 장식용 재료를 어떻게 사용하는지 등에 대해 전달하고, 그 중 선택할 수 있도록 한다. -그룹별로 실내정원을 만들 때에 치료사가 개입하여 진행에 대해 격려와 지지를 제공하도록 한다. -대상자 간 활동 동안 적극적으로 참여한 대상자를 추천하여 칭찬스티커로 보상을 준다.
12	활동명	꽃케이크 만들기&느낌 나누기
	활동 목표 및 내용	-삽목했던 허브의 성장을 관찰할 수 있다. -식용꽃과 자신이 삽목한 허브로 케이크를 장식할 수 있다. -지난 활동 동안 자신의 모습에 대하여 생각하여 작성할 수 있다.
	치료적 개입	-지난 활동 모습이 담긴 영상을 보여줌으로써 지난 활동과 자신의 모습을 상기시키도록 한다. -활동 동안 자신의 모습에 대해 작성함으로써 자아평가를 할 수 있도록 유도한다. -선물을 줄 때에 박수를 유도함으로써 인정받음과 보상을 제공한다. -대상자 모두에게 삽목한 허브를 포장하여 선물함으로써 활동에 대한 보상을 제공한다.

3. 고등학생(흡연자)의 정서 순화 및 자기 효능감 증진을 위한 원예치료 프로그램

1) 프로그램의 개요

전체 원예활동은 특이한 주제나 과제를 완성해 나가기 위해 구성된 '주제 중심형 활동'과 꾸미기, 기르기, 느끼기, 기타로 분류한 원예활동의 범주를 기준으로 범주 내에서 선택하여 구성한 '범주 중심형 활동'이 혼합되어 구성된다. 즉, "성공 경험"을 주제로 한 주제 중심형 활동과 "기르기" 범주의 범주 중심형 활동이 수평적으로 혼합되었으며, 흡연 프로그램 참가 고등학생의 긍정적 강화를 통한 정서순화 및 자기 효능감 증진을 목적으로 총 12회기로 구성한다. 또한, 활동의 세부 내용 구성은 대상자의 특성과 기관의 환경적 요소, 활동 장소 등에 따라 치료사가 적절히 재구성할 수 있다.

2) 프로그램의 목적

지속적인 금연 실패에서 오는 자기 효능감 감소 문제를 가진 흡연 프로그램 참가 고등학생에게 원예활동이라는 매개체를 이용하여 흡연 행위에 대한 올바른 자기이해 및 개방을 경험토록 하고, 성공에 대한 신뢰를 쌓을 수 있도록 함으로써 금연에 대한 동기 형성 및 자기 효능감 향상을 도모한다.

3) 실시 대상의 구성 및 크기

고등학생을 중심으로 구성되었으나 난이도 및 재료의 선택 등을 고려하여 모든 대상에게 실시 가능하다. 특히, 자기 효능감이 저하된 대상에게 실시하는 것을 추천한다.

주치료사 1인, 보조치료사 1인을 기준으로, 집단 활동 시 3~5명이 가장 적절하며 10명 이내가 바람직하다.

4) 실시 장소

흡연 프로그램이 운영되고 있는 고등학교 또는 자기 효능감이 저하된 청소년들이 모일 수 있는 모든 기관에서 실시할 수 있다. 텃밭이나 화분을 배치할 수 있는 실외 공간이 있는 모든 기관에서 실시할 수 있으나 실외 공간이 확보되지 않을 시에는 화분을 배치할 수 있는 실내 공간에서도 실시할 수 있다.

5) 실시 시간

식물 소재의 선택에 따라 연중 실시할 수 있다. 주 대상 연령의 집중 가능 시간을 고려하여 50분에서 1시간 정도가 바람직하다.

6) 한계 및 규칙

일반적인 사회 규칙에 해당하는 것으로, 활동시간을 지키도록 하며, 집단의 연령 특성상 규칙을 따르도록 하기 위한 동기부여가 필요하다. 예를 들어, 벌금제나 스티커제를 둘 수 있다. 프로그램이 진행되는 과정에서 집중할 수 있는 분위기를 만들기기 위해 화장실 사용과 핸드폰 사용을 허용하지 않는 것이 바람직하다. 프로그램의 목적인 자기 효능감 증진과 관련해 완성된 결과물은 개인이 소장할 것인지 아닌지를 알아서 판단하도록 하며, 결과물에 대한 개인의 만족도를 긍정적으로 강요하는 것은 바람직하지 않다. 회기 내 도입, 정리, 전개 단계에 따라 시간이 어느 정도 남아 있는지, 작업을 수행하기 위해 주어진 시간은 어느 정도인지에 대한 시간의 한계를 제시하는 것이 필요하다.

7) 집단의 구조성

프로그램의 목적인 자기 효능감 증진과 관련하여 대부분 개별 작업으로 개인이 성취하고, 결과물을 소유할 수 있도록 하며, 일부 회기에서는 공동의 목표를 세우고 결과물을 완성하는 것으로 활동의 구조는 부분적인 비구조 집단의 형태로 이루어지는 것을 추천한다.

8) 집단의 개방성

프로그램이 진행되는 과정에서 활동의 집중도와 참여도를 높이기 위해 폐쇄 집단의 형태를 권장한다. 프로그램의 흐름이 지속적으로 이어져 있지 않고 참여 연령이 새로운 사람을 쉽게 받아들이는 특성을 고려하여 개방 집단의 형태 또한 권장한다.

9) 원예치료 프로그램

회기	구 분	내 용
1	활동명	오리엔테이션
	활동 목표 및 내용	-이름이나 활동 참여 동기 등을 소개할 수 있다. -프로그램에 대한 소개를 듣고, 활동에 대한 기대감이나 흥미를 표현할 수 있다.
	치료적 개입	성공 경험 제공, 긍정적 피드백, 동기부여

회기	구 분	내 용
2	활동명	삽목하기
	활동 목표 및 내용	-장미허브를 관찰하고, 성장할 식물에 대해 기대감을 언어로 표현할 수 있다. -부모의 역할과 관련하여 식물 돌보기에 대해 생각하고, 이야기 나눌 수 있다. -장미허브를 삽목하고, 뿌리 내리기에 성공할 수 있다.
	치료적 개입	-식물 삽목의 성공 경험을 제공한다. 식물의 새로운 번식 방법을 습득하고, 새롭게 성장할 식물에 대한 기대감을 형성한다. -식물을 돌봐줄 자신의 역할과 부모의 역할을 통합한다.
3	활동명	잔디인형
	활동 목표 및 내용	-잔디 종자를 파종하고, 자랄 잔디의 모습을 상상하여 그림을 그릴 수 있다. -자신의 모습에 대하여 생각해보고, 자신을 닮은 잔디인형을 꾸밀 수 있다.
	치료적 개입	-잔디 종자 파종에 대한 성공 경험을 제공한다. -꾸미기 활동을 계획함으로써 종자 파종에 대한 즐거움을 형성하고, 자랄 잔디에 대해 기대감을 가지도록 한다.
4	활동명	삽목 식물 옮겨심기
	활동 목표 및 내용	-삽목 후 자란 장미허브의 크기, 모양 등의 변화를 관찰하고, 변화된 장미허브에 대한 느낌을 이야기 나눌 수 있다. -장미허브를 기르는 과정과 관련하여 부모님의 양육 과정에 대해 돌아보고, 장미허브를 포장하여 부모님께 선물할 수 있다.
	치료적 개입	-이전 활동에서 삽목했던 식물의 뿌리를 관찰함으로써 성공 경험을 제공한다. -식물을 양육한 자신의 역할과 부모의 역할을 통합하고, 이에 따른 긍정적 피드백을 제공한다.
5	활동명	토피어리
	활동 목표 및 내용	-흙과 수태의 차이점에 대해 이야기 나누고, 아이비를 수태에 심을 수 있다. -낚싯줄로 수태를 고정하는 다소 어려운 과정을 짝과 협동하여 성공적으로 완성할 수 있다. -짝을 관찰하여 짝의 특징을 토피어리에 표현할 수 있다.
	치료적 개입	-식물을 다른 환경에 심어봄으로써 새로운 것에 대한 성공 경험을 제공한다. -토피어리를 만드는 다소 어려운 과정의 수행에 대한 긍정적 피드백을 제공한다. -짝을 닮은 토피어리를 만드는 과정에서 대상자 간 교류를 유도하고, 토피어리에 표현된 대상자의 모습과 관련하여 칭찬을 제공한다.

회기	구 분	내 용
6	활동명	사랑 · 미움 화분 기르기
	활동 목표 및 내용	-조별로 협동하여 관엽식물을 모아심고, 지어주고 싶은 화분의 이름에 대해 토의할 수 있다. -담배꽁초와 연기를 먹은 식물(미움), 사랑과 정성스런 보살핌을 받은 식물(사랑) 화분의 차이점, 변화, 성장 모습 등에 관해 이야기 나눌 수 있다.
	원예치료적 개입	-조별 화분 만들기 과정에서 협동 작업을 통해 성공 경험 및 긍정적 피드백을 제공한다. -미움을 준 식물과 사랑을 준 식물의 추후 성장 모습에 대해 상상해보는 과정에서 자기 자신과 식물의 모습을 통합할 수 있는 기회를 제공한다.
7	활동명	다육식물 기르기
	활동 목표 및 내용	-다육식물 정원을 자신이 원하는 모양으로 완성할 수 있다. -다육식물에 물을 과하게 많이 주었을 때 다육식물의 변화에 대해 상상하여 이야기 나눌 수 있다.
	치료적 개입	-다육식물 정원을 완성하도록 함으로써 성공 경험을 제공하고, 결과물의 특징에 따라 긍정적 피드백을 제공한다. -다육식물에게 물을 과도하게 준 모습과 담배와 같은 자신의 몸에 해로운 것을 과도하게 준 자신의 모습을 통합하도록 유도한다.
8	활동명	화분 재관리(퇴비)
	활동 목표 및 내용	-미움화분의 다육식물을 관찰하고, 다육식물의 잎이 무르거나 죽은 이유에 대해 이야기 나눌 수 있다. -죽은 식물을 제거하거나 퇴비로 재사용하고, 화분을 재관리할 수 있다.
	치료적 개입	-해로운 환경에서 자란 미움화분의 다육식물을 관찰하는 과정에서 자기 자신과 통합하도록 유도한다. -소감 발표에 대하여 긍정적 피드백을 제공한다.
9	활동명	새싹채소 기르기
	활동 목표 및 내용	-도시락에 구멍을 뚫어줌으로써 새싹채소 종자를 심을 환경을 만들 수 있다. -새싹채소 종자를 심고 기르는 방법을 이해할 수 있으며, 자랄 새싹채소의 모습에 대한 생각이나 기대감에 대해 이야기 나눌 수 있다.
	치료적 개입	-새싹채소 종자를 심을 환경을 만들고, 직접 파종함으로써 성공 경험을 제공한다. -새싹채소 기르는 과정의 인지 및 자랄 새싹 채소 모습에 대해 발표하게 하고 긍정적 피드백을 제공한다.

회기	구 분	내 용
10	활동명	새싹채소 수확하기
	활동 목표 및 내용	-자란 새싹채소의 모습에 대해 관찰하고, 이야기 나눌 수 있다. -일주일 동안 새싹채소를 키우면서 느낌이나 소감이 어땠는지, 자신이 해주었던 것은 무엇인지, 어떤 환경을 만들어주었는지 등에 관해 이야기 나눌 수 있다. -수확한 새싹채소로 샌드위치를 만들고 학교 친구나 선생님, 치료사 등과 나누어 먹을 수 있다.
	치료적 개입	-자란 새싹채소의 모습을 관찰하고, 새싹채소 종류별로 모양이나 특징 등을 비교하여 살펴보도록 유도한다. -자신의 역할에 대하여 생각해 봄으로써 양육에 대한 성공 경험을 제공한다. -발표소감에 대해 긍정적 피드백을 제공한다. -스스로 키운 새싹채소로 만든 샌드위치를 타인과 나누어 먹는 과정에서 대상자 간에 또는 대상자와 비대상자 간에 교류를 유도한다.
11	활동명	접시정원
	활동 목표 및 내용	-조별로 테마를 정하고, 접시정원을 집중하여 꾸밀 수 있다. -완성한 접시정원을 서로 관찰하고 다른 조의 접시정원을 칭찬할 수 있다.
	치료적 개입	-조별로 협동하여 접시정원을 완성하도록 함으로써 성공 경험을 제공한다. -완성한 접시정원을 관찰하는 시간을 제공하고, 대상자 간에 서로 칭찬할 수 있도록 유도한다.
12	활동명	소감 나누기 및 다과
	활동 목표 및 내용	-기억에 남는 활동이나 활동 소감 등에 관해 글로 적을 수 있다. -다과를 나누면서 관계를 정리할 수 있다.
	치료적 개입	-활동에 대한 기억, 고마웠던 것 등에 관해 이야기 나누면서 치료사 및 동료들과의 라포를 확인하고 관계를 정리할 수 있는 시간 및 기회를 제공한다.

4. 성인(만성 정신분열 환자)의 문제해결 향상을 위한 원예치료 프로그램

1) 프로그램의 개요

전체 원예활동은 꾸미기, 기르기, 느끼기, 기타로 분류한 원예활동의 범주를 기준으로 범주 내에서 선택하여 구성한 '범주 중심형 활동'으로 기르기 범주를 중심으로 구성되었으며, 만성 정신분열증 환자들의 문제해결 능력 향상을 목적으로 총 8회기로 구성된다. 또한, 활동의 세부 내용 구성은 대상자의 특성과 기관의 환경적 요소, 활동 장소 등에 따라 치료사가 적절히 재구성할 수 있다.

2) 프로그램의 목적

병적인 증상과 더불어 시설 내 지속적인 고립 생활에 의해 생길 수 있는 문제해결 능력 감소 문제를 정서적 지지 원예치료 프로그램을 통하여 향상시키도록 한다.

3) 실시 대상의 구성 및 크기

병증으로 인해 실외 공간을 접할 기회가 부족한 환자들을 중심으로 구성되었으나 난이도 및 재료의 선택 등을 고려하여 모든 대상에게 실시 가능하다. 특히, 질병과정으로 인해 식물이나 실외 공간을 접하기 어려운 장애인이나 생활환경의 제약이 있는 교도소 수감자, 군인 등의 대상에게 실시하는 것을 추천한다.

4) 실시 장소

식물을 이용한 작품이나 화분을 배치할 수 있는 실내 공간이 있는 모든 기관에서 실시할 수 있다.

5) 실시 시간

식물의 종류에 따라 연중 실시할 수 있다. 짧은 실시 기간을 요하는 기관이나 대상에게 단기 활동으로 이용할 수 있다. 본 프로그램은 주 1회 활동을 기준으로 계획되었으나 관리의 효율성을 위하여 주 2회 이상의 활동도 추천한다.

6) 한계 및 규칙

일반적인 사회 규칙에 해당하는 것으로, 철저한 시간 엄수를 규칙으로 두는 것이 바람직하다. 또 참여대상의 병증 및 기분에 따라 참여를 게을리 하는 경우가 발생하기 때문에 병동 안에서 보상제를 실시하여 참여의 횟수가 많은 경우 간식이나 물질적인 보상을 주는 것이 바람직하다. 프로그램이 진행되는 과정에서 집중할 수 있는 분위기를 만들기 위해 화장실 사용은 가능하면 허용하지 않는 것이 바람직하며, 다급한 경우에만 보조치료사 1인을 함께 동행시켜서 해결하는 것이 바람직하다. 프로그램의 목적인 사회적 지지와 관련되어 대상자의 의견 및 소감을 충분히 공감해주어야 하며, 활동 참가 이전에 모든 치료사의 일관된 개입을 위한 교육이 필요하다.

회기 내 도입, 정리, 전개 단계에 따라 시간이 어느 정도 남아 있는지, 작업을 수행하기 위해 주어진 시간은 어느 정도인지에 대한 시간의 한계를 대상자들에게 제시하는 것이 필요하다.

7) 집단의 구조

프로그램의 목적인 치료사와 대상자, 대상자와 대상자 간의 사회적 지지 교류와 관련하여 대부분 공동의 목표를 세우고 결과물을 완성하는 것으로 지속적인 구조 집단의 형태를 추천한다.

8) 집단의 개방성

프로그램이 진행되는 과정에서 활농의 집숭도와 참여도를 높이기 위해 폐쇄 집단의 형태를 추천하나, 프로그램의 흐름이 지속적으로 이어져 있지 않고 참여 대상이 입원환자이므로 사회적 교류의 기회가 많지 않은 특성을 고려하여 개방 집단의 형태 또한 추천한다.

9) 원예치료 프로그램

회기	구 분	내 용
1	활동명	오리엔테이션
	활동 목표 및 내용	-처음 만난 환우의 이름을 알 수 있다. -활동에 대한 소개를 들을 수 있다.
	치료적 개입	-활동 소개, 동기부여 -짝과 눈으로 대화할 수 있도록 함으로써 교류를 유도한다.
2	활동명	꽃 고르고 심기
	활동 목표 및 내용	-자신의 꽃 취향을 표현할 수 있다. -자신의 취향에 맞는 꽃을 통화분에 심을 수 있다.

회기	구 분	내 용
	치료적 개입	-짝과 짧은 시간 동안 눈인사를 할 수 있도록 함으로써 교류를 유도한다. -꽃이 성장하기에 적당한 환경에 대하여 이야기 나눔으로써 식물에 대해 "관심"을 가지도록 한다. -배양토와 일반 흙을 섞기 위한 간단한 게임을 통하여 활동에 활기를 불어넣는다. -꽃을 소중하게 다루며 모아 심을 수 있도록 하고, 자신이 원하는 실내 공간에 장식하도록 격려한다.
3	활동명	토피어리 만들기
	활동 목표 및 내용	-자신이 만들게 될 토피어리를 관찰할 수 있다. -직접 만든 토피어리를 자랑할 수 있다.
	치료적 개입	-짝과 눈으로 대화할 수 있도록 함으로써 교류를 유도한다. -아이비를 직접 해체하고, 뿌리를 감싸줄 수태를 만져보게 함으로써 식물의 생장에 대해 생각해볼 수 있는 기회를 제공한다. -자신의 조원이 완성치 못한 경우 서로 돕도록 유도함으로써 조원 간에 신뢰할 수 있도록 격려한다. -조원 간에 활동 수행 중에 사용되는 언어에 대하여 좀 더 긍정적인 표현을 사용할 수 있도록 개입한다.
4	활동명	잔디인형 만들기
	활동 목표 및 내용	-자신이 만들게 될 잔디인형을 관찰할 수 있다. -직접 만든 잔디인형을 자랑할 수 있다.
	치료적 개입	-짝과 눈으로 대화할 수 있도록 함으로써 교류를 유도한다. -잔디 종자를 관찰하고 만져볼 수 있는 시간을 제공하며, 뒤뜰 바닥에서 자란 잔디를 직접 보여줌으로써 잔디를 기를 수 있다는 자기신뢰를 형성시켜준다. -지속적인 긍정적 피드백으로 서로 협동하여 완성할 수 있음을 인식시켜준다.
5	활동명	새싹채소 기르기
	활동 목표 및 내용	-나중에 자랄 새싹채소의 키 목표를 발표할 수 있다. -새싹 채소를 직접 기를 수 있다.

회기	구 분	내 용
	치료적 개입	-짝과 눈으로 대화할 수 있도록 함으로써 교류를 유도한다. -종자를 서로 관찰하고, 추후 어떤 모습으로 새싹이 나올지 상상할 수 있는 시간을 제공한다. -4종류의 종자에서 어떤 모습으로 새싹이 나올지 이야기 나누고, 그림으로 표현할 수 있도록 유도한다. -종자의 싹을 틔우기 위해 필요한 환경에 대하여 이야기 나누고, 책임지고 키워 올 수 있도록 책임을 부여한다.
6	활동명	새싹채소 수확 및 샌드위치 만들기
	활동 목표 및 내용	직접 기른 새싹을 이용하여 샌드위치를 만들 수 있다.
	치료적 개입	-짝과 눈으로 대화할 수 있도록 함으로써 교류를 유도한다. -새싹채소 기르기를 완성해온 대상자에게 치료사가 예상했던 믿음을 언어적으로 직접 표현한다. -조 안에서 개인에게 분배되었던 역할을 확인해보고, 서로에 대한 믿음을 언어적으로 표현토록 함으로써 확인시켜준다. -대상자와 대상자 사이에서의 교류 중에 발생하는 감정들을 진솔하게 표현할 수 있도록 중간에서 피드백을 제공한다.
7	활동명	접시정원 만들기
	활동 목표 및 내용	-조별로 협동하여 접시정원을 만들 수 있다. -함께 만든 조원과 감사의 인사를 나눌 수 있다.
	치료적 개입	-짝과 눈으로 대화할 수 있도록 함으로써 교류를 유도한다. -모두 실내정원을 관찰하고, 건강한 정원을 꾸미기 위한 방안에 대하여 생각해 볼 수 있도록 유도한다. -협동하여 심을 수 있도록 하며, 어떻게 하면 건강한 정원을 유지할 수 있을지 이야기 나누고 발표할 수 있도록 유도한다. -팻말에 짝과의 이름을 작성하여 접시정원 관리에 대한 책임을 부여한다.

회기	구 분	내 용
8	활동명	활동 소감 나누기
	활동 목표 및 내용	-기억에 남는 활동, 활동 소감 등에 대해 이야기 나눌 수 있다. -지난 활동에 대해 기억할 수 있다.
	치료적 개입	-짝과 눈으로 대화할 수 있도록 함으로써 교류를 유도한다. -활동에 대한 기억, 고마웠던 것 등에 관해 짝과 이야기 나누면서, 치료사 및 동료들과의 라포를 확인하도록 한다. -전체 활동을 돌아보며, 활동 소감 및 느낌을 자유롭게 표현하도록 정서적으로 안정된 환경을 제공한다.

5. 일반 노인의 자기성찰 및 삶의 재인식을 위한 원예치료 프로그램

1) 프로그램의 개요

전체 원예활동은 계절의 변화 및 시간의 흐름에 따라 구성되는 '시간 중심형 활동'으로, 식물 성장의 관찰 과정 및 재배 과정을 통한 인생의 전반에 대한 자기성찰 및 삶의 재인식을 목적으로 총 12회기로 구성된다. 또한, 전체 원예활동의 소재는 채소식물을 중심으로 구성되며, 활동의 세부 내용 구성은 대상자의 특성과 기관의 환경적 요소, 활동 장소 등에 따라 치료사가 적절히 재구성할 수 있다.

2) 프로그램의 목적

식물 재배 및 성장 과정에 대한 관찰과 참여를 통하여 과거에 대한 후회감과 여생에 대한 기대감이 저하된 노인의 인생 전반에 대한 자기성찰 및 삶의 재인식 도모를 목적으로 한다.

3) 실시 대상의 구성 및 크기

일반 노인을 중심으로 구성되었으나 난이도 및 채소의 선택 등을 고려하여 모든 대상에게 실시가 가능하다. 개별 활동으로도 가능하나 서로의 경험들을 나누는 과정에서 자신의 삶을 객관적으로 인식할 수 있는 기회가 주어지므로 집단 활동을 더 추천한다.

주치료사 1인, 보조치료사 1인을 기준으로, 집단 활동 시 3~5명이 가장 적절하며 10명 이내가 바람직하다.

4) 실시 장소

텃밭이나 화분을 배치할 수 있는 실외 공간이 있는 모든 기관에서 실시할 수 있으나 실외 공간이 확보되지 않을 시에는 화분을 배치할 수 있는 실내 공간에서도 실시할 수 있다.

5) 실시 시간

채소의 종류에 따라 연중 실시할 수 있다. 야외활동이 중심이 되는 만큼 일사량이 많은 12~14시 사이는 피해야 한다. 활동시간이 지나치게 길면 노동으로 여기거나 신체적 문제를 야기할 가능성이 있으므로 최대 1시간 30분을 넘기지 않는 것이 바람직하다.

본 프로그램은 주 1회 활동을 기준으로 계획되었으나 관리의 효율성을 위하여 주 2회 활동도 추천한다.

6) 한계 및 규칙

프로그램이 진행되는 과정에서 활동의 결과물로 발생하는 수확물에 대한 수확 및 이용은 활동시간 이외에 개인적으로 처리하지 않고 활동 시간에 결정하는 것이 바람직하다.

7) 집단의 구조

활동을 집단으로 진행할 경우, 개별 텃밭이나 개별 화분이 있을 경우는 개별 작업 가운데 가끔 공동의 주제나 공동 활동을 하는 부분적인 비구조 집단이 바람직하다. 개별 텃밭이나 개별 화분이 없을 경우는 공동의 주제를 가지고 공동활동을 하는 가운데 가끔 개별 작업을 하는 부분적인 구조 집단 형태가 바람직하다.

8) 집단의 개방성

재배 프로그램을 통해 인생 전반에 대한 자기성찰 및 삶의 재인식에 대하여 구성원들이 공유하고 식물 생장 주기에 맞추어 인생 생장 주기를 통합하기 위하여 첫 회기부터 마지막 회기까지 모두 참여하는 것이 바람직하므로 폐쇄 집단 형태를 추천한다.

9) 원예치료 프로그램

회기	구 분	내 용
1	활동명	자기소개 및 오리엔테이션
	활동 목표 및 내용	자연스럽고 부드러운 분위기에서 차를 마시며 자신과 타인의 소개를 통하여 라포를 형성하고 서로의 존재를 인식하는 기회를 가진다.
	치료적 개입	활동 소개, 동기부여
2	활동명	채소 종자 파종하기 ▷봄~여름 : 쌈채소, 토마토, 고추, 강낭콩, 호박, 감자, 고구마 ▷가을~겨울 : 쌈채소, 무, 배추, 파, 갓
	활동 목표 및 내용	씨앗을 뿌리는 과정에 집중할 수 있고 씨앗에서 싹이 나올 것을 기대함으로써 생명에 대한 경외감을 갖는다.
	치료적 개입	종자(씨앗)의 생물학적(식물체 생장) 주기와 인간의 삶(인생)의 주기를 통합한다.
3	활동명	텃밭 준비하기 -밭 갈기, 흙과 비료 섞어 넣어두기, 돌멩이 제거
	활동 목표 및 내용	식물이 자랄 수 있는 토양을 준비하고 자신의 밭을 직접 만듦으로써 인간을 통한 생명 잉태의 신비로움과 자기 존재에 대하여 이야기 나눌 수 있다.
	치료적 개입	인간의 몸, 특히 여성의 몸을 통한 새 생명의 잉태, 양육(태도) / 남성의 몸을 통한 건강한 아이의 출산 준비와 용기(컨테이너, 흙, 비료)의 의미를 통합한다.
4	활동명	채소 모종 옮겨심기
	활동 목표 및 내용	자신의 밭에 적절하게 모종을 심으면서 각자의 재배 경험을 이야기할 수 있고 스스로 돌봐야 할 식물을 가짐으로써 양육감 증대와 자기인식의 기회를 가진다.
	치료적 개입	3회기의 의미 재확인 및 2회기의 의미 재확인, 발아와 착상을 통해 아이가 태어나는 과정을 통합한다.

회기	구 분	내 용
5	활동명	텃밭 관리 1 -팻말 세우기+관수, 잡초 제거, 비료 주기, 흙 뒤집기, 떡잎 제거, 순지르기
	활동 목표 및 내용	자신의 채소에 이름을 표시하면서 자신의 소유를 인식하고 자신과 가족에 대한 존재 가치를 새롭게 하는 기회를 가진다.
	치료적 개입	-팻말 만들기 : 아이 이름 또는 내 이름의 의미, 타인 이름의 의미를 인식한다. -관수, 흙 뒤집기 : 나에게 주어졌던 양육 또는 내가 자식에게 주었던 양육(일반적 양육과정)의 의미를 인식한다.
6	활동명	텃밭 관리 2 -지주 세우기 +관수, 잡초 제거, 비료 주기, 흙 뒤집기, 떡잎 제거, 순지르기
	활동 목표 및 내용	-직접 가꾸고 돌볼 식물을 소유하고, 자신의 삶의 과정에서 돌봄을 받았던 사건들을 회상하고 새롭게 인식하는 기회를 가지며, 식물이 성장하는 모습을 통하여 성취감과 만족감을 가진다. -채소에 지주를 세우면서 자신이 살아오는 동안 도움으로 힘을 받았거나 주었던 경험을 이야기 나누며 긍정적인 삶의 의미를 부여할 수 있다.
	치료적 개입	-지주 세우기 : 삶의 가이드를 받거나 제공하였던 삶의 전환점, 선택의 기로에 대해 떠올려본다. -방제 : 억누른 내 이상, 꿈, 버렸던 것들(인생에서 쓸모없는 것들, 쓸모는 있었겠지만 버릴 수밖에 없었던 것들)에 대해 생각해본다.
7	활동명	수확하기와 수확물 이용(가져가기), 텃밭관리 3
	활동 목표 및 내용	-채소의 곁순을 따주며 자신이 진정으로 원했으나 이루지 못한 것에 대해 이야기하고 서로 격려와 위로를 해주며 내면의 감정들을 재정돈할 수 있다. -식물의 생애와 관련하여 내 인생의 전성기에 대해 회상함으로써 일어나는 다양한 느낌들을 이야기하고, 내 인생의 수확물 중 특히 자녀들과 관련하여 이야기 나눌 수 있다.
	치료적 개입	-순 자르기 : 6회기의 재확인(억눌렀던 내 이상, 꿈, 버렸던 것들(인생에서 쓸모없는 것들, 쓸모는 있었겠지만 버릴 수밖에 없었던 것들))에 대해 생각해본다. -수확하기 : 의미, 내 인생의 수확기, 가장 전성기를 떠올려본다.

회기	구 분	내 용
8	활동명	수확하기와 수확물 이용(선물하기), 텃밭관리 4
	활동 목표 및 내용	직접 가꾸어서 수확한 채소를 타인과 나눌 수 있고 그에 따른 긍정적인 느낌들(감사, 기쁨, 행복, 성취, 만족감 등)을 인생 과정과 관련지어 이야기하는 기회를 가진다.
	치료적 개입	수확의 의미 : 선물하기 활동을 통해 내가 수확기를 거쳐 가지게 된 것을 나누어준 경험과 그 시기에 대해 이야기를 나눈다.
9	활동명	텃밭관리 5 배추 묶어주기, 벌레 잡기, 진딧물 잡기, 방제, 지주 세우기(묶기), 잡초 제거, 관수
	활동 목표 및 내용	-밭작물을 통하여 계절의 변화를 느끼고, 계절에 특이적인 관리(겨울을 준비하면서 배추를 묶어주는 것 등)를 식물에게 해주는 과정에서 자신의 인생에서 특별한 시간을 회상하고 새롭게 인식하는 기회를 가진다. -수확기의 풍성한 채소와 관련하여 인생의 연륜을 이야기함으로써 노년기에 대해 완숙의 의미(가치)를 부여할 수 있다.
	치료적 개입	-배추 묶어주기 : 내 인생에서 더 높이 도약하기 위해 움츠리고 있었던 시간, 더 큰 성장 직전에 고통의 시간, 나비의 성장과정 중 번데기(고치), 와신상담, 고진감래, 미래를 위해 준비했던 시간 등에 이야기 나눈다. -지주 세우기(묶기) : 지금까지의 지지원, 지금의 지지원, 또는 나를 지지원으로 둔 무엇(사람)에 대해 이야기 나눈다.
10	활동명	수확하기 및 수확물 이용 : 함께 먹기(삼겹살), 무시래기 만들기, 배추 말리기, 김장하기, 선물하기
	활동 목표 및 내용	작물 수확을 통하여 현재 자신의 모습을 온전히 받아들이며 감사하는 시간을 갖고 수확한 토마토를 이용하여 만들 수 있는 음식을 알아보고 음식을 만들어 나누는 즐거움을 가진다.
	치료적 개입	-수확물 : 내 인생의 수확물(저작물, 직업, 지위, 재산, 발명품, 연륜(나이가 들어감에 따라 생기는 지혜), 자녀 등)에 대해 이야기 나눈다. -수확물 이용 : 내 수확물을 나누어준 경험 및 내 인생의 수확물이 이용되었던 사건에 대해 이야기 나눈다. -"열매"의 의미 : 나이가 30~40대인 내 아이는 현재 어떤 모습인가. 내가 그동안 해온 물 주기, 비료 주기, 순지르기, 방제 등이 튼실하고 맛있는 열매가 될 수 있는 바탕이 되었는지에 대해 이야기 나눈다.

회기	구 분	내 용
11	활동명	텃밭 정리 1(식물체 정리) -잘라주기, 뽑기, 묻기, 퇴비 만들기, 버리기, 태우기
	활동 목표 및 내용	식물의 생애와 유기체의 순환을 알아보고 죽음을 재조명함으로써 죽음에 대한 두려움을 극복하고, '지금 여기에 충실하기'로 자기 존재감을 증대한다.
	치료적 개입	-식물체 정리와 "시들다"의 의미를 통합 : 인생의 황혼기, 노을, 단풍, 삶의 정리, 죽음의 준비. -퇴비 만들기 : 새로운 시작, 거름, 내가 남길 것, 내 죽음 뒤의 모습, 내 죽음의 가치.
12	활동명	텃밭 정리 2(환경 및 주변 정리) 및 활동 완료 -지주대, 팻말, 폐비닐, 노끈 등의 주변 쓰레기 정리
	활동 목표 및 내용	그동안 원예활동을 통한 각자의 소감을 나누고 치료사와 대상자들과의 라포를 확인하면서 관계를 정리하는 시간을 가진다.
	치료적 개입	전체 느낌 나누기 -앞에서 돌아본 삶을 토대로 남아 있는 시간을 어떻게 영위, 설계할 것인가? 좌우명, 계획 나누기.

6. 지속적인 원예치료를 위한 치료 정원 만들기 (실내 및 실외)

1) 집단 원예치료실 및 치료 정원 조성을 위한 기본 지침

치료 정원과 원예치료실이 건강한 사회를 이루어나가도록 사회적 기반 시설로서의 역할을 부각시키고 이용자들의 신체적 건강과 심리적 안정을 도모하기 위한 도구로 활용되길 바라며 유니버셜 디자인 요소 적용과 무장애화 공간 계획, 사회적 통합을 위한 커뮤니티 공간 계획과 원예치료 프로그램에서의 소재 다양성을 위해 생태 환경을 접할 수 있는 환경 요소를 도입하였다.

2) 계획의 기본 개념 및 목표

원예치료사와 대상자의 라포(rapport) 형성을 위한 공간 조성과 치료 프로그램의 완성도를 높이기 위한 프로그램 준비실, 효과적 치료 목표와 치료 목적의 실현을 위한 원예치료 공간 조성을 통한 치유와 참여를 기본 개념으로 수립하였다.

원예치료 프로그램은 장소에 따라 실내 프로그램과 실외 프로그램으로 나눠 실시되고 있다. 실내에서는 주로 식물을 소재로 만들기 작업이 이뤄지고 있으며 신체와 정신적으로 불편한 대상자에게 프로그램의 집중도를 높이고 치료사의 치료 목표를 달성하고 궁극적으로 치료 목적을 완료하기 위해 정리된 상태의 도구 수납 공간, 준비 공간, 세척 공간과 프로그램 운용을 위한 작업대, 의자 등 보조 재료의 가구 배치와 조명, 바닥 재료의 선택 등의 항목을 고려하였다. 실외에서는 이동권 확보와 치매환자의 '배회습성'을 고려한 보행 동선과 외부 공간과의 구분, 사회성 증진을 위한 커뮤니티 공간, 협동 프로그램과 직업교육을 수행하기 위한 텃밭과 유실수원, 외국인을 위한 다문화온실, 아동을 위한 수경 시설, 명상과 생태 교육을 위한 숲 조성 계획을 기본 개념으로 설정하였다.

3) 운영방법 중 장소

① 실내 공간

- 집단원예치료 시 적정 참여 인원만큼의 작업 테이블과 의자
- 대상자와 주치료사, 보조치료사가 효율적 활동을 수행하기 위한 책상 배치(대상자의 특성과 치료 목표에 따른 다양한 작업대 배치가 필요)
- 개인 활동을 수행할 수 있는 작업 테이블(중증 장애인의 경우 1 : 1 이상의 대상자와 치료사 비율이 필요)

- 주치료사의 사무를 볼 수 있는 개인 공간 제공(사무용 책상)
- 치료 활동의 효과성을 높이기 위한 공조 설비(대상자의 손이 닿지 않도록 매립 또는 천정형으로 배치)

② 활동 준비 공간

- 활동에 필요한 다양한 도구를 보관하는 대형 수납장
- 저온 보관이 필요한 재료 수납용 냉장고
- 활동 준비와 마무리에 필요한 물을 사용할 수 있는 싱크대

〈표 6-1〉 집단 원예치료 시 장소에 대한 고려 사항

	공간 분할	구성 요소	고려 사항
1	그룹 활동 공간	-작업 테이블 -의자	-치료 목적과 목표에 맞는 테이블 배치(원형, 사각형) -대상자 특성에 맞는 팔걸이 -전동휠체어와 수동휠체어 -다양한 디자인과 크기 -노인 대상의 경우 실금과 낭변 대비 -너무 낮거나 푹신거리거나 깊지 않음 -모서리 부분의 모굴리기
2	개인 활동 공간	-높임화단(raised bed) -상토 작업대	-키높이 조절이 가능한 기능 -상토 섞기를 비롯한 작품 전시까지 다양한 기능의 작업대 -대상자가 쉽게 도구를 집을 수 있는 적정 규모의 크기
3	활동 준비 공간	-세면대, 씽크대, 가스렌지 -냉장고 -수납장	-물을 사용할 수 있는 시설 : 흙을 만지기 싫어하는 대상자 -원재료를 1차 가공할 수 있는 작업대 -가스 유출 경보장치 및 중간 차단 밸브 -저온 보관용 재료의 부패 방지 -다양한 재료 수납용 크기별 수납함 -계절용품을 보관할 수 있는 공간
4	업무 공간	-컴퓨터 -개인용 업무책상	-Burn Out(소진현상)을 예방하기 위한 시설 : 소속된 직장에 자부심과 자신의 업무를 즐겨하도록 복지적 차원으로 접근 -치료사 개인적 공간
5	기계 설비 공간	냉방기, 난방기 공조시설	-대상자의 손이 닿지 도록(매립, 천정 부착형) -쾌적한 프로그램의 운영이 가능한 온도조절 -가정집과 같은 분위기(수용 시설과 같은 분위기는 지양)

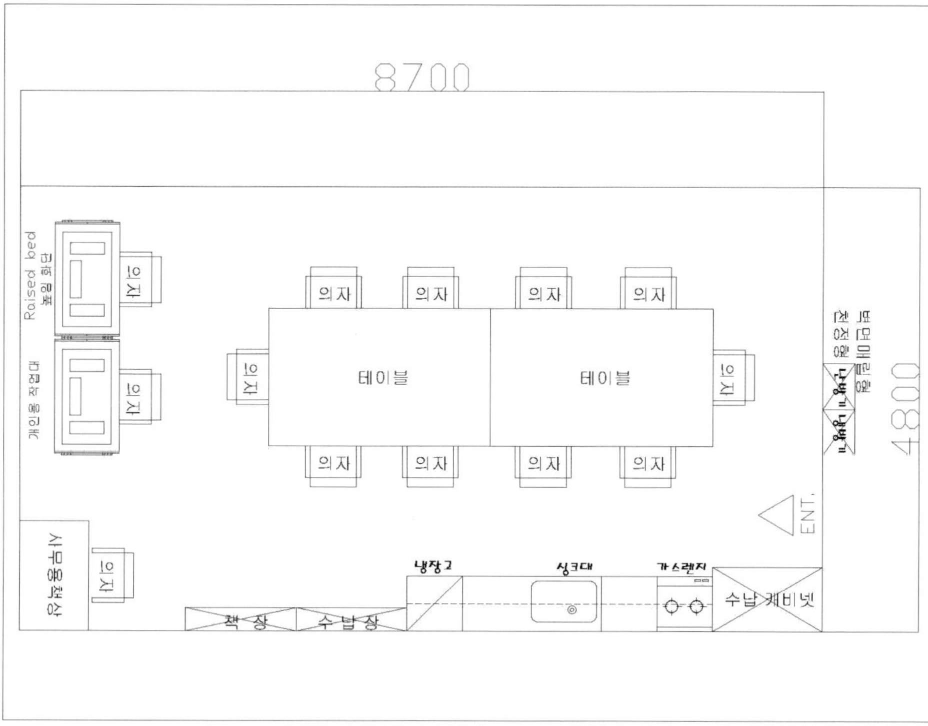

집단 원예치료실 시설 계획(김주열, 2009)

4) 기타 고려 사항

① 조명

원예치료실, 복도, 공동 영역에 해당하는 곳에 적절한 조명이 되어 있는지 확인한다. 불필요한 섬광(조명에 의한 표면의 빛 반사)이 없도록 간접 조명을 활용하면 좋고, 직사광선이 창문에 투과되지 않도록 배치(청각장애인의 구순대화 방해 요소)에 주의한다. 자연채광으로의 접근이 용이한 곳이 좋으나 조명을 사용하면 고른 빛의 조명을 설치하여 그림자가 없도록 하고 아늑한 분위기를 느낄 수 있도록 조명을 사용하도록 한다. 작업 영역과 전이 공간의 빛 강도는 차이를 두며 스위치에 빛을 조절 가능한 장비를 설치하여 대상자별(노인, 어린이) 특성에 맞도록 조절하면서 진행한다.

② 가구

가구는 견고하고 신체적 핸디캡이 있는 대상자를 지지할 수 있어야 한다. 사무적이지 않고 가정용과 같은 느낌의 가구를 배치하되, 다양한 대상자들에게 호감을 줄 수 있는 디자인과 색상으로 선택한다. 가구를 마련할 때 낙상 사고와 사고발생 시 피해를 줄일 수 있도록 모서리는 둥글게 처리된 제품을 이용하고 바퀴 달린 의자 등도 배제해야 한다.

③ 바닥 재료

휠체어 사용자가 있을 것을 고려하여 이들이 이동시 문제없는 기울기(경사도)와 탄성 바닥재가 사용되어 있는지 확인하고, 공간 이동에 문제 발생하지 않는 장애물 없는 공간을 찾되, 문턱도 없는 곳이 좋다.

④ 실내 배회로

치매 환자들의 배회 특성을 고려한 순환형 동선 배치를 기본으로 한다. 실외로 나가는 출입문을 모호하게 처리하고, 비상시 구급 요원을 호출할 수 있는 장치를 구비해야 한다. 또한 개인 프라이버시를 존중하고 사색할 수 있는 장소를 마련하면 좋다.

5) 활용 방안

치료실 주변에 대상자용 휠체어를 준비한다.

치료사의 위치가 중앙인 사례

재활용품을 이용한 높임 화단

목재 이용 모듬높임 화단

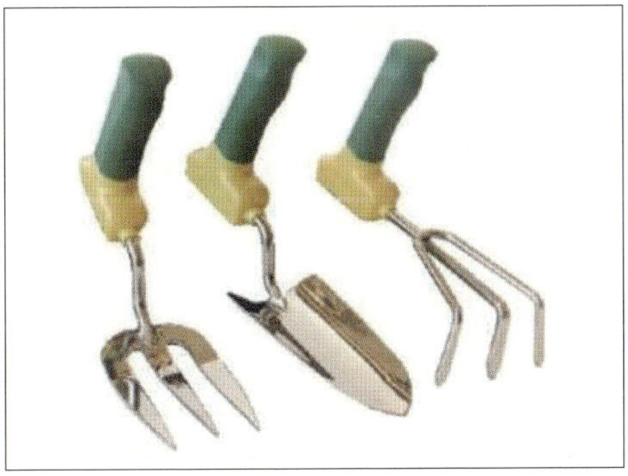

원예치료 대상자용 도구 1

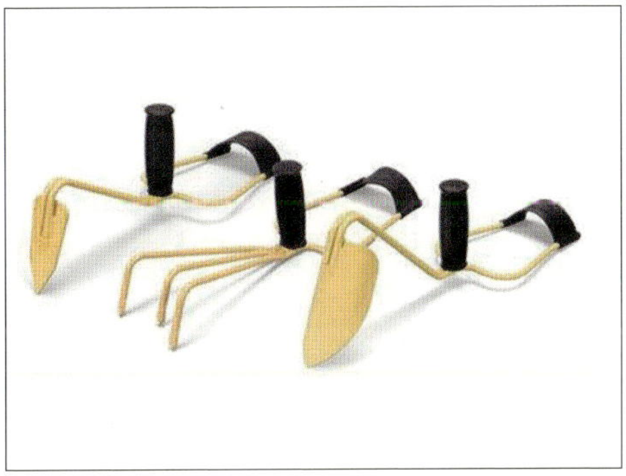

원예치료 대상자용 도구 2

온실 제작 사례(그림 있는 정원)

계단 없는 온실(Barrier Free 적용)

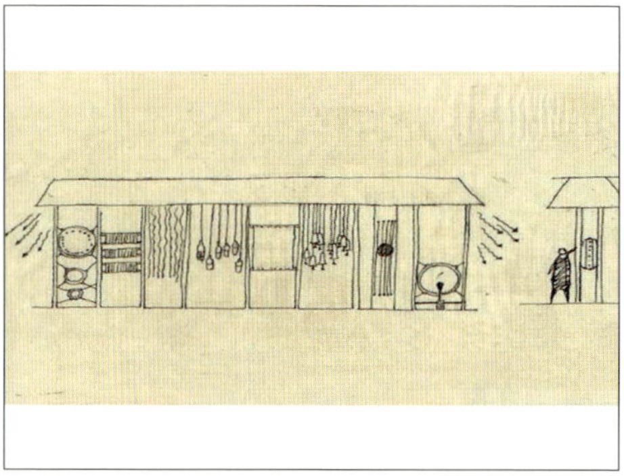

청능, 감각 훈련 시설물

체험용 수목 식재 기법

점자 해설판을 설치한 사례

휠체어 사용자용 건물 접근로

실내 공간의 경사도 극복 방법 1

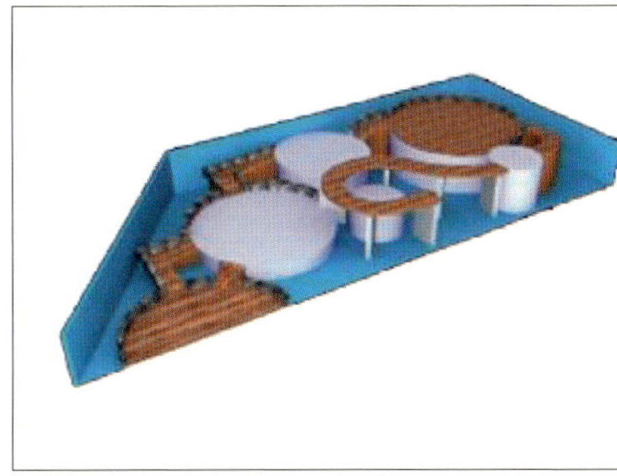

실내 공간의 경사도 극복 방법 2

함께하는 생태 학습(식물 뿌리 관찰)

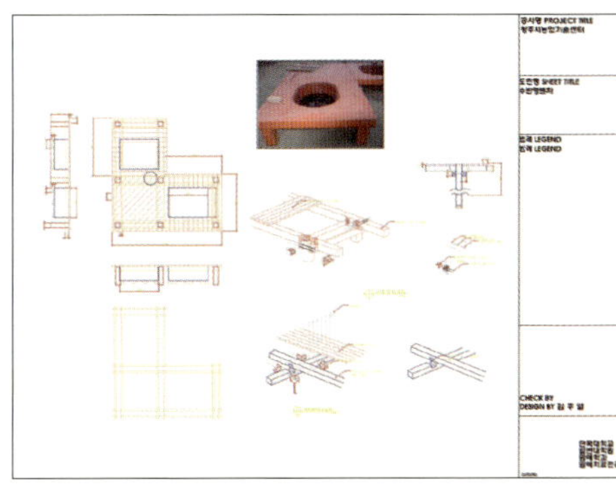

휴게 시설 평상(소형 수생 연못 제작)

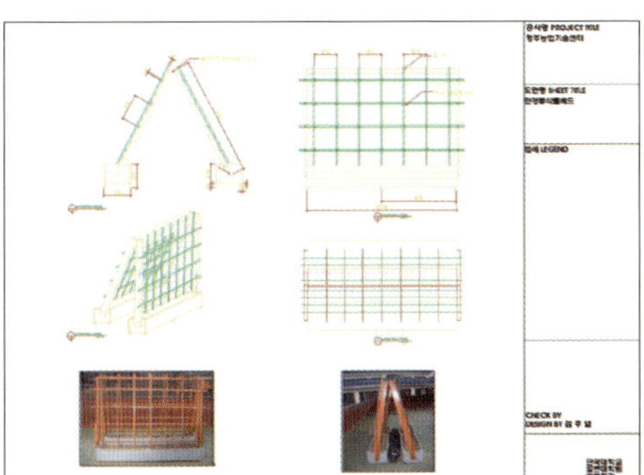

덩굴식물 식재용 베드

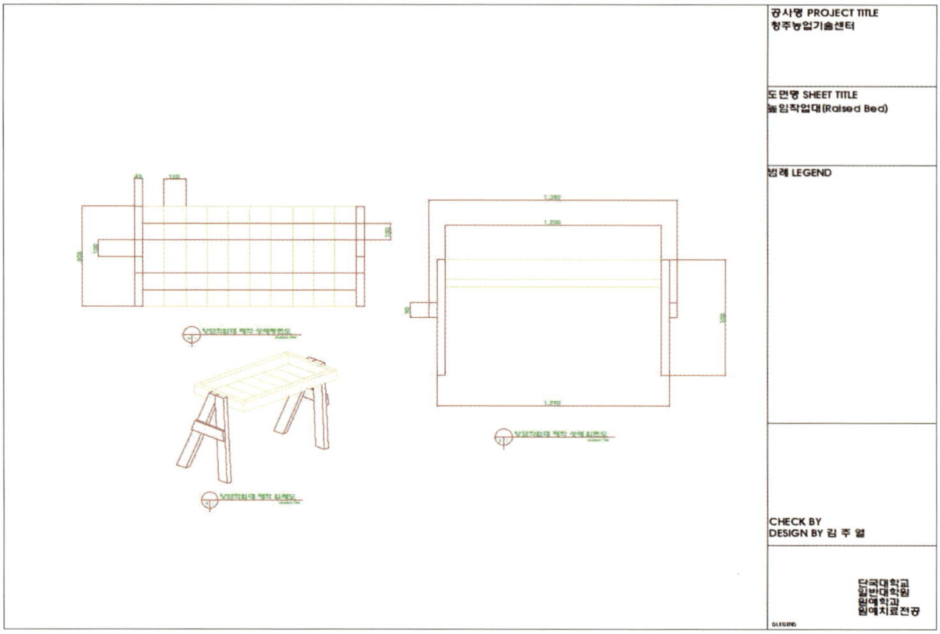

상토 섞기 작업대(휠체어 사용자의 무릎이 들어가 작업의 편리성을 높인 시설)

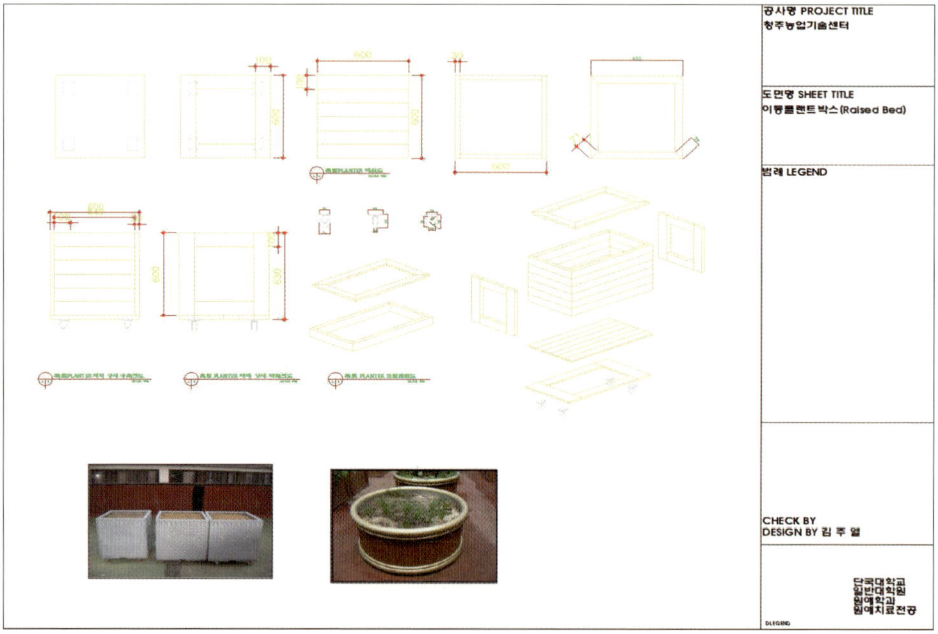

이동식 높임 화단(바퀴 장착으로 이동 기능을 부여함)

6) 실외 공간

① 공간구성

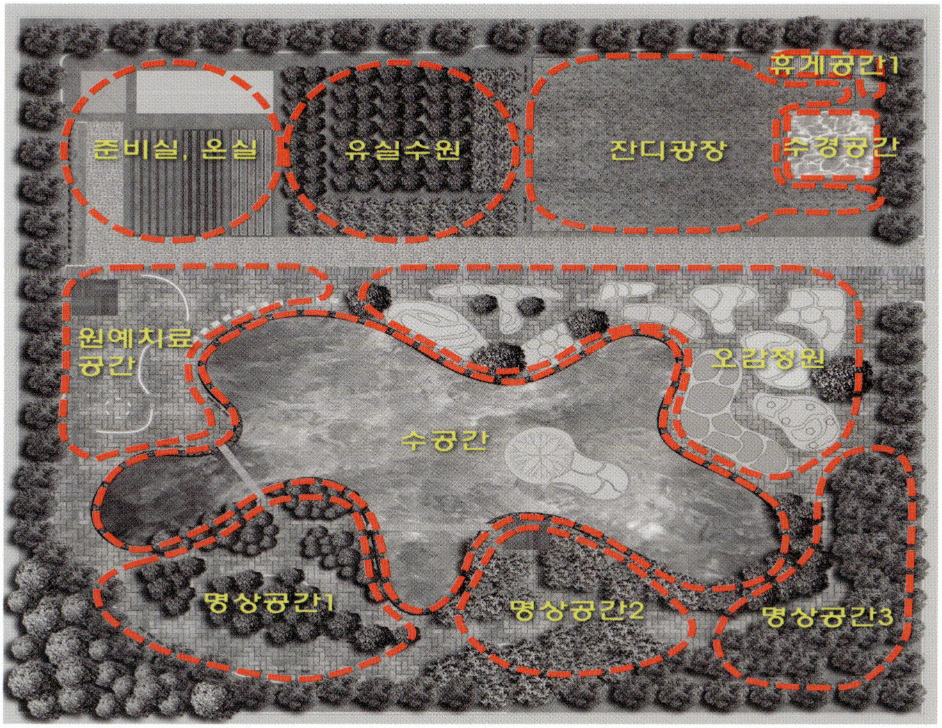

실외 치료정원 공간 구성도

그림에서 보는 치료 정원은, 최외곽부는 외부에서 바라보는 경관을 형성하도록 하며 내부에서는 대상자의 특성인 지남력 저하와 배회 특성을 고려하여 외부로 향하는 출구와 입구를 하나로 하고 테마원별 동선을 순환 구조로 계획하였다. 특히 동선과 포장재는 이동하는 장애인을 위해 최대한 직선으로 구성하였다. 또한 자연스런 동선을 유도하기 위해 원예치료 프로그램의 시설물 중 하나인 이동식 플랜트 박스를 이용하였으며 원예활동을 통한 직업교육과 일반인과의 접촉을 통한 사회 통합실현, 환경의 다양성 속에 자연과 공존할 수 있는 기회를 부여하기 위해 생태계의 중요성을 일깨울 수 있는 수공간과 유실수원, 모델 정원도 구상하였다.

② 예상되는 치료적 효과

• 신체적

충분한 공간을 확보함으로써 산책과 같은 활동적인 기능을 수행할 수 있다. 이렇게 식물로 둘러싸인 환경에서는 식물 관리와 다양한 활동을 통해 근력 향상을 도모할 수 있다. 잔디광장은 제초를 실습하고 순환형 동선 체계에서는 운동 효과를 기대할 수 있다.

• 인지적

자연과 원예에 관한 다양한 경험으로 시간 경과, 계절 변화 등 지남력을 향상시킬 수 있다.

• 사회심리적

치료사와 라포를 형성함으로써 자존감 향상을 유도할 수 있다. 또한 그룹 활동을 통해 소속감을 높이고, 사색 공간에서는 조용한 시간을 보내면서 불안감을 해소할 수 있다.

제7장

원예치료 프로그램의 실제

1. 기르기(재배)

채소 파종, 모종 이식, 꽃씨 파종, 삽목, 새싹채소 기르기, 수경재배 등

활동명	식물의 번식-파종하기
활동 장소	책상이나 돗자리가 준비된 실내외
활동 시기	봄
집단 크기	10~15명
예상 소요 시간	40~50분
준비물	종자, 트레이, 배양토(펄라이트, 버미큘라이트, 피트모스), 라벨, 네임펜, 대야, 물뿌리개, 나무젓가락

활동 내용(방법, 과정)

① 자신이 원하는 종자를 정하고, 재료를 준비한다.

② 트레이에 배합한 배양토를 골고루 담는다.

③ 트레이 중앙에 젓가락을 이용하여 종자의 3배 만큼 구멍을 만든다.

④ 준비된 종자를 구멍에 넣는다.

⑤ 종자를 파종한 후에 복토한 후, 물을 충분히 준다.

⑥ 2주 후에 싹이 난 모습

〈출처〉 손기철 등(2006), 『전문적 원예치료를 위한 평가도구 및 프로그램』, 쿠북.

일반적인 기대 효과

신체적	인지적	심리사회적
· 미세 근육 발달	· 관찰력 향상 · 작업 수행력(청지각/시지각) 향상 · 촉각 · 온랭 감각 자극 · 눈 · 손 협응력 향상	· 책임감 증가 · 기대감 증가 · 성취감 증가

일반적인 치료적 개입

신체적	인지적	심리사회적
· 손가락 움직임이 유연하지 못한 대상자의 경우 종자의 크기가 큰 것을 선택한다. · 배양토를 섞거나 상토, 종자를 만져보는 과정에서 손가락을 많이 움직이도록 세부 과정을 계획한다. · 모종삽이나 도구를 사용하기보다 손으로 직접 배양토를 담거나 손 전체를 이용하여 흙을 만지게 함으로써 손의 움직임을 증가시킨다.	· 식물이 성장한 모습을 사진, 슬라이드 등의 자료로 준비하여 종자의 모습과 비교할 수 있도록 한다. · 파종 과정 도중에는 자연스러운 집중이 이루어지도록 지시, 질문 등의 언어적 개입의 양을 조절한다. · 싹을 틔우기 위해 해야 할 일들을 표현하게 하거나 지도한다. · 매일 관수하도록 지도하여 시간의 흐름을 인지하고 책임감을 느끼도록 한다. 발아되는 시기를 인식하도록 한다. · 촉감각 자극을 위하여 가능하면 손으로 흙을 직접 만지도록 격려한다.	· 자신의 생각, 특히 기대감에 대하여 말로 표현하도록 격려한다. · 자신의 트레이에 매일 물을 주도록 약속을 하거나 순번을 정하여 본인이 물을 주어야 하는 날짜에 물을 주도록 책임을 부여한다. · 종자 파종 과정의 완성을 통하여 성취감을 느끼도록 돕는다.

방법 및 팁

- 종자 파종 후 싹이 나오는 과정을 사진을 찍거나 그림을 그려 일지로 기록해본다.
- 파종 트레이 대신 버려지는 계란판을 재활용해보자.
- 배양토를 직접 만지는 것에 거부감이 있는 대상자의 경우, 비닐장갑을 착용한 상태로 흙을 만져 촉감을 느끼도록 한다.

활동명	식물의 번식-삽목하기
활동 장소	책상이나 돗자리가 준비된 실내외
활동 시기	봄
집단 크기	10~15명
예상 소요 시간	40~50분
준비물	플렉탄서스 빅스플랜트(Plectranthus madagascariensis), 포트, 전정가위, 배양토, 물뿌리개
활동 내용(방법, 과정)	

① 재료를 준비한다.

② 포트에 배양토를 담는다.

③ 플렉탄서스 빅스플랜트 모종에서 삽목(꺽꽂이)할 장미허브를 7~10cm 정도 자른다.

④ 자른 플렉탄서스 빅스플랜트의 아래쪽 3~4cm 정도의 잎을 제거한다.

⑤ 배양토를 담은 포트에 잘라서 정리한 허브를 꽂은 후, 물을 충분히 준다.

⑥ 3~4주 후, 뿌리가 나온 모습

일반적인 기대 효과

신체적	인지적	심리사회적
· 미세 근육 발달 · 악력 증가	· 지식 증가 · 관찰력 향상 · 작업 수행력 향상 · 후 · 촉감각 자극 · 눈 · 손 협응력 향상	· 성취감 증가 · 기대감 증가 · 경이감 증가

일반적인 치료적 개입

신체적	인지적	심리사회적
· 대상자의 악력에 따라 줄기의 굵기를 고려하여 식물을 선택한다. · 배양토를 섞기나 상토, 삽수(꺾꽂이 할 목적으로 자른 줄기)를 만져보는 과정에서 손가락을 많이 움직이도록 세부과정을 계획한다. · 모종삽이나 도구를 사용하기보다 손으로 직접 배양토를 담거나 손 전체를 이용하여 흙을 만지게 함으로써 손의 움직임이 많게 한다. · 가위질의 횟수를 증가시켜 악력 향상에 기여한다.	· 삽목에 대한 정확한 지식과 정보를 전달한다. · 삽목 과정 도중에는 자연스러운 집중이 이루어지도록 지시, 질문 등의 언어적 개입의 양을 조절한다. · 후각 · 촉감각 자극을 위해 가능하면 손으로 흙을 직접 만지고 허브 식물도 손으로 만지고 향기를 맡아보도록 격려한다. · 지시하는 줄기와 지시하는 마디, 제거해야 하는 잎을 정확하게 인식하고 확인하여 자르도록 유도한다.	· 뿌리가 난 모습을 사진 등을 이용하여 미리 보여줌으로써 기대감을 부여한다. · 활동을 완료하도록 격려하고 활동 완성에 대하여 칭찬한다. · 절단되어 흙에 심긴 식물체가 어떻게 살아갈 수 있는지 토의하고 상상해보는 시간을 갖는다. · 절단된 식물체의 어떤 부위에 뿌리가 생길지 상상해 본다.

방법 및 팁

· 삽목 후 이식하는 방법과 가꾸는 요령에 대해 함께 진행할 수 있다.
· 눈에 잘 띄고 물주기 쉬운 곳에 배치해보자.

〈Q&A〉
Q) 다른 영양 번식 방법은?
A) 분주, 취목, 접목, 구근번식, 조직배양
Q) 삽목이 잘되는 식물들은 어떤 것이 있을까?
A) 관엽식물, 다육식물, 목본식물, 허브식물 등
Q) 식물과 동물의 번식에 있어 차이는 무엇일까?
A) 식물은 바람, 곤충, 사람 등 중간 매개체가 있어야 하고(종자번식, 영양번식), 동물은 스스로 자신의 짝을 선택하고 번식할 수 있다.
Q) 영양번식으로 발생한 식물체의 종류에는 어떤 것들이 있을까?
A) 뿌리, 잎, 줄기

활동명	식물의 관리-분갈이
활동 장소	실내외
활동 시기	봄
집단 크기	10~15명
예상 소요 시간	40~50분
준비물	분갈이가 필요한 식물, 화기, 배양토, 망, 영양제, 모종삽, 물뿌리개

활동 내용(방법, 과정)

① 재료를 준비한다.

② 이때, 뿌리가 화분 밖으로 나와 분갈이가 필요한 식물을 준비한다.

③ 분갈이할 화분 바닥에 망을 깔고 마사토를 넣어준 후, 화기의 2/3 정도를 배양토로 채운다.

④ 분갈이 시 길게 빠져나오거나 오래된 뿌리를 제거해준다.

⑤ 식물을 배치한 후, 모종삽을 이용해 식물 사이를 배양토로 채운다.

⑥ 영양제를 주어 잘 자랄 수 있도록 해준다.

일반적인 기대 효과

신체적	인지적	심리사회적
· 미세 근육 발달	· 관찰력 향상 · 작업 수행력(청지각/시지각) 향상 · 촉각 · 온랭감각 자극 · 눈 · 손 협응력 향상 · 지식 습득	· 기대감 증가 · 성취감 증가

일반적인 치료적 개입

신체적	인지적	심리사회적
· 오래된 뿌리를 제거하는 과정에서 악력의 힘이 부족한 대상자의 경우, 꽃가위를 사용하도록 한다. · 모종삽이나 도구를 사용하기보다 손으로 직접 배양토를 담거나 손 전체를 이용하여 흙을 만지게 함으로써 손의 움직임을 증가시킨다.	· 오래되고 길게 자란 뿌리를 집중하여 관찰하도록 유도한다. · 분갈이를 해주어야 하는 식물의 상태와 분갈이해주어야 할 적당한 화분의 크기를 전달해준다. · 분갈이하는 과정에서 자연스러운 집중이 이루어지도록 지시, 질문 등의 언어적 개입의 양을 조절한다. · 촉감각 자극을 위하여 가능하면 손으로 흙을 직접 만지도록 격려한다. · 분갈이를 할 때에 넣어주는 영양제나 밑거름의 종류에 대해 전달한다.	· 자신의 생각, 특히 기대감에 대하여 말로 표현하도록 격려한다. · 향후 지금의 모습보다 더 크게 자랄 식물의 미래를 기대할 수 있도록 하고, 성취감을 느끼도록 돕는다. · 분갈이의 의미를 인간의 성장과정과 통합하고 표현할 수 있도록 격려한다.

방법 및 팁

· 분갈이를 해준 식물과 해주지 않은 식물의 성장 모습을 비교해본다.
· 영양제 대신 밑거름을 넣어준다.

활동명	채소 가꾸기 및 실습-① 파종하기 ② 이식하기
활동 장소	실내외
활동 시기	봄
집단 크기	10~15명
예상 소요 시간	50~60분
준비물	모종, 배양토, 큰 화분, 대야, 모종삽, 물뿌리개
활동 내용(방법, 과정)	

① 파종했던 종자나 모종을 준비한다.

② 이식할 화분에 배양토를 담는다.

③ 트레이에서 모종을 꺼낸다.

④ 모종을 심을 공간을 손으로 약간 파고, 모종을 옮겨 심는다.

⑤ 식물이 자랄 수 있는 공간을 고려하여 간격에 맞게 이식한 후 잘 자라도록 손으로 흙을 눌러준다.

⑥ 물을 충분히 준다.

일반적인 기대 효과

신체적	인지적	심리사회적
· 미세 근육 발달	· 관찰력 증가 · 작업 수행력(청지각 · 시지각) · 의사 결정력 · 장단기 기억 자극 · 촉각 · 온랭감각 자극	· 성취감 증가 · 책임감 부여 · 기대감 증가

일반적인 치료적 개입

신체적	인지적	심리사회적
· 배양토를 섞거나 배양토, 모종을 만져보는 과정에서 손가락을 많이 움직이도록 세부 과정을 계획힌다. · 모종삽이나 도구를 사용하기보다 손으로 직접 배양토를 담거나 손 전체를 이용하여 흙을 만지게 함으로써 손의 움직임을 증가시킨다.	· 트레이에서 큰 화분으로 이식하는 이유에 대해 생각해보도록 한다. · 자신의 생각을 말로 정확하게 표현할 수 있도록 돕는다. · 채소를 직접 재배해 본 경험이 있는지 생각해보도록 하고 채소 모종의 이름을 기억하도록 하여 장단기 기억을 자극한다. · 수확물을 얻기 위해 해야 할 일들을 표현하도록 하거나 지도한다. · 싹이 트고, 꽃이 피고, 열매 맺는 등 식물의 전반적인 생육과정을 학습한다.	· 수확물을 미리 준비해 보여주어 동기 유발하고, 기대감을 증가시킨다. · 자신이 기우는 채소에 정기적으로 물을 주도록 약속을 하거나 순번을 정하여 본인이 물을 주어야 하는 날짜에 물을 주도록 책임을 부여한다. · 이식해주어 향후 더 자랄 것을 이야기하여 성취감 및 기대감을 갖도록 한다.

방법 및 팁

· 모종 이식 후 수확물이 생산되는 과정을 사진을 찍거나 그림을 그려 일지로 기록해본다.

〈Q&A〉

Q) 채소의 종류에 따라 심는 간격은?

A) 갓 20cm, 고추 30cm, 들깨 30cm, 배추: 40~45cm, 상추 15cm, 쑥갓 10cm, 치커리 20cm, 샐러리 20cm, 콩 40~50cm, 김장무 30cm, 감자 20~26cm, 고구마 20~30cm, 호박 40~50cm 등

〈출처〉 http://blog.daum.net/cc-88/6489215

활동명	새싹채소 기르기
활동 장소	실내
활동 시기	봄, 여름, 가을
집단 크기	10~15명
예상 소요 시간	30~50분
준비물	오목한 그릇, 밀, 유채 종자, 솜, 이쑤시개, 물뿌리개
활동 내용(방법, 과정)	

① 자신이 기르고 싶은 새싹채소 종자를 준비한다.

② 오목한 그릇 밑면을 이쑤시개로 뚫어 구멍을 낸 후, 그릇에 솜을 덮어준다.

③ 물이 새지 않도록 구멍이 나지 않은 그릇을 겹친 후, 솜이 마르지 않도록 물을 충분히 적셔 준다.

④ 젖은 솜 위에 종자가 겹치지 않도록 균일하게 뿌린다.

⑤ 싹이 트기 전까지 솜이 마르지 않도록 물을 수시로 주고, 직사광선을 피해 종이를 덮어준다.

⑥ 자란 새싹채소의 모습

일반적인 기대 효과

신체적	인지적	심리사회적
· 미세 근육 발달	· 눈 · 손 협응력 향상 · 지식증가	· 부정적 정서 표출 · 기대감 증가 · 성취감 증가

일반적인 치료적 개입

신체적	인지적	심리사회적
· 이쑤시개로 새싹채소 구멍을 뚫는 과정에서 몇 개 이상 뚫어야 하는지 한계를 정해주어 미세 근육 훈련을 반복적으로 할 수 있도록 한다. · 새싹채소 종자를 손가락으로 하나씩 집어 옮길 수 있도록 하여 미세 근육 발달에 기여한다.	· 새싹채소 종류와 효능에 대해 전달하여 지식과 정보를 알 수 있도록 한다. · 새싹채소가 훗날 어떤 모양으로 자랄지 생각해보고 그려보도록 한다. · 새싹채소 종자를 옮기는 과정을 통해 눈과 손의 협응력을 향상시킨다.	· 이쑤시개로 구멍을 뚫는 과정에서 쌓여있던 분노 및 부정적 감정을 표출하도록 함으로써 긍정적 감정을 갖도록 한다. · 짧은 시간(7~10일)에 수확을 경험할 수 있는 활동으로, 성공적으로 수확할 수 있도록 돕거나 관리한다.

방법 및 팁

- 싹이 2/3 정도 트면 종이를 제거하고 밝은 곳으로 옮겨주고, 하루 1~2회 분무기로 물을 준다.
- 새싹을 기를 때 그릇에 물이 오래 고여 있으면 냄새가 날 수 있으므로 2~3일에 한 번씩 고여 있는 물을 갈아준다.
- 4~5일 지나면 수확할 수 있을 만큼 5cm 이내로 싹이 자란다.
- 새싹채소 파종부터 성장 과정을 사진을 찍거나 그림을 그려 일지로 기록해본다.
- 한 번에 여러 새싹채소 종자를 줄지어 파종하여, 성장한 후의 모습을 비교, 관찰한다.
- 새싹채소의 유익한 점
  - 채소는 씨앗에서 싹이 트는 시기에 자신의 성장을 위해 영양소 등 소중한 물질을 생합성하는데, 비타민, 미네랄 함량은 다 자란 채소의 3~4배에 달한다.
  - 농약이나 비료는 일절 쓰지 않으며, 병충해 스트레스 없이 물만 먹고도 잘 자란다.
  - 새싹이 트는 순간을 눈으로 즐기고 음식에도 직접 사용할 수 있는 활동이다.
- 새싹채소 종자 구입 방법
  - 인터넷 구입: 새싹마을(www.daenongbio.com), 아시아종묘(www.asiaseed.co.kr), 베이비그린(www.babygreen.co.kr)
  - 직접 구입: 양재동 꽃시장, 대형마트, 종로 5가 등
- 새싹채소 종자를 고를 때에는 모양이 통통하면서 크기가 일정하고 윤기가 나는 것, 가급적 국내산을 고르고, 씨앗을 손으로 문질렀을 때 하얀 가루 등이 묻어나면 방부제나 소독약 처리가 된 것이니 피한다.

활동명	수경재배하기
활동 장소	실내
활동 시기	봄, 여름
집단 크기	10~15명
예상 소요 시간	40~50분
준비물	드라세나 산데리아나 빅토리아(Dracaena sanderiana 'Victoria'), 칼라소일, 유리 화기, 숟가락
활동 내용(방법, 과정)	

① 다양한 색의 칼라소일과 수경재배에 적합한 식물을 준비한다.

② 빅토리아의 뿌리를 물에 깨끗이 씻는다.

③ 칼라소일의 색이 잘 보이는 투명한 화기를 준비하고, 어떤 색의 칼라소일을 넣을지 구상한다.

④ 밑 부분에 한 가지 색의 칼라소일을 숟가락을 이용해 넣는다.

⑤ 빅토리아를 심고, 윗부분에 다른 색의 칼라소일을 넣는다.

⑥ 칼라소일의 크기가 작아지면 수시로 물을 넣어준다.

일반적인 기대 효과

신체적	인지적	심리사회적
· 미세 근육 발달	· 지식 습득 · 눈 · 손 협응력 향상 · 수 개념 향상 · 촉감각 자극	· 흥미 유발 · 성취감 증가

일반적인 치료적 개입

신체적	인지적	심리사회적
· 손가락 움직임이 유연한 대상자의 경우 칼라소일을 엄지와 집게손가락으로 옮기도록 하여 미세 근육을 발달시키도록 한다. · 뿌리를 씻거나 칼라소일을 옮기는 과정에서 손가락을 많이 움직이도록 세부 과정을 계획한다.	· 새로운 재배 방법에 대해 전달하고, 수경재배가 가능한 다른 식물을 생각해보도록 한다. · 칼라소일을 숟가락을 이용하여 투명 용기에 담는 작업을 통하여 수 개념을 익히도록 유도한다. · 반복적인 숟가락 이용을 통해 눈 · 손 협응력 훈련을 한다. · 식물의 뿌리를 씻거나 칼라소일을 만져봄으로써 손의 감각을 자극한다.	· 흙을 만지는 것에 거부감이 있는 경우, 식물 재배에 흥미를 갖게 할 수 있다. · 완성한 작품을 어디에 장식할 것인지 또는 누구에게 선물할 것인지 이야기함으로써 성취감을 증가시킨다.

방법 및 팁

· 칼라소일: 흙을 대신하여 실내에서 화초 가꾸기에 적합하도록 개발된 신개념 대체 토양이다. 세련되고 예쁘며 무취, 무해, 무독함을 인정받은 친환경 제품으로 수분과 영양을 함유하고 있어 식물이 생기를 띄며, 생화는 오랜 시간 시들지 않도록 하여 준다. 맑고 투명하며 젤리 같은 느낌의 탄성을 지녔으며, 유리 화기에 식물을 재배하면 꽃과 잎의 감상은 물론 뿌리의 성장 과정도 관찰할 수 있다.

· 수경재배가 가능한 다른 식물들로 칼라소일을 이용하여 수경재배한다.
  예) 황금죽, 행운목, 개운죽, 히아신스, 양파, 스파티필름, 테이블 야자, 안스리움, 아이비, 페페로미아류, 스킨답서스, 싱고니움, 호야 등.

2. 꾸미기(장식 및 이용)

숯부작, 테라리움, 접시정원, 토피어리, 꽃바구니, 압화, 포푸리, 리스, 요리 등

번호	활 동 명	페이지
1	토양 만들기	174
2	새싹채소 샐러드 만들기	176
3	잔디인형 만들기	178
4	토피어리 만들기	180
5	꽃잎, 나뭇잎 채집하여 말리기	182
6	압화 액자 만들기	184
7	허브 미니 정원 만들기	186
8	포푸리 주머니 만들기	188
9	국화차 만들기	190
10	꽃바구니 만들기	192
11	꽃다발 만들기	194
12	공중걸이 화분 만들기	196
13	숯부작 만들기	198
14	손수건에 꽃물 들이기	200
15	천연염색 한지 만들기	202
16	테라리움 만들기	204
17	허브 비누 만들기	206
18	알로에 로션 만들기	208
19	곡물 액자 만들기	210
20	솔방울 리스 만들기	212
21	관엽식물 접시정원 만들기	214
22	꽃케이크 만들기	216
23	플랜터 박스 만들기	218
24	연못형 화단 설계 및 소재 선정, 만들기	220
25	사막형 화단 설계 및 소재 선정, 만들기	222
26	실내정원 만들기	224
27	허브 정원 설계 및 구성 요소 계획, 만들기	228
28	채소 정원 설계 및 구성 요소 계획, 만들기	234
29	실외 정원 설계 및 구성 요소 계획, 만들기	238

활동명	토양 만들기
활동 장소	실외
활동 시기	봄, 여름, 가을
집단 크기	10~15명
예상 소요 시간	40~50분
준비물	피트모스, 펄라이트, 버미큘라이트, 플랜터 박스, 모종삽

활동 내용(방법, 과정)

① 피트모스, 버미큘라이트, 펄라이트를 3:1:1의 비율로 준비한다.

② 먼저 피트모스를 넣는다.

③ 그 위에 펄라이트를 피트모스의 1/3 정도만 넣는다.

④ 버미큘라이트 또한 피트모스의 1/3 정도만 넣는다.

⑤ 모종삽으로 3가지의 토양을 골고루 혼합한다.

⑥ 적절히 혼합된 토양이 완성된다.

일반적인 기대 효과

신체적	인지적	심리사회적
· 미세 근육 발달	· 관찰력 향상 · 작업 수행력(청지각/시지각) 향상 · 촉각 · 온랭 감각 자극 · 눈 · 손 협응력 향상	· 기대감 증가 · 성취감 증가

일반적인 치료적 개입

신체적	인지적	심리사회적
· 3종류의 토양을 혼합하는 과정에서 손가락과 손바닥을 많이 움직이도록 세부과정을 계획한다. · 모종삽이나 도구를 사용하기보다 손으로 직접 배양토를 담거나 손 전체를 이용하여 흙을 만지게 함으로써 손의 움직임을 증가시킨다.	· 3종류의 토양의 모양을 관찰하도록 하고, 각 특징에 대해 전달하며 또한 토양의 다른 점을 인식하여 표현하도록 한다. · 토양 혼합 과정 도중에는 자연스러운 집중이 이루어지도록 지시, 질문 등의 언어적 개입의 양을 조절한다. · 촉감각 자극을 위하여 가능하면 손으로 흙을 직접 만지도록 격려한다.	· 자신의 생각, 특히 기대감에 대하여 말로 표현하도록 격려한다. · 향후 직접 혼합한 배양토를 이용하여 파종하는 등 식물을 키울 것을 전달하여 기대감을 향상시켜 주도록 한다.

방법 및 팁

· 직접 만든 배양토와 구입한 배양토를 비교하여본다.
· 배양토를 직접 만지는 것에 거부감이 있는 대상자의 경우, 비닐장갑을 착용한 상태로 흙을 만져 촉감을 느끼도록 한다.

활동명	새싹채소 샐러드 만들기
활동 장소	실내
활동 시기	봄, 여름, 가을, 겨울
집단 크기	10~15명
예상 소요 시간	40~50분
준비물	자란 새싹채소, 깨끗한 그릇, 양상추, 방울토마토, 드레싱, 옥수수, 수저

활동 내용(방법, 과정)

① 잘 자란 새싹채소를 수확한 후 깨끗이 씻는다.

② 샐러드에 들어갈 재료를 준비한다.

③ 샐러드에 들어가는 야채와 직접 수확한 새싹채소를 넣는다.

④ 옥수수를 넣는다.

⑤ 마지막으로 드레싱을 넣으면 새싹채소 샐러드가 완성된다.

⑥ 드레싱이 골고루 섞이도록 비벼 먹는다.

일반적인 기대 효과

신체적	인지적	심리사회적
· 미세 근육 발달	· 눈 · 손 협응력 · 촉 · 미감각 자극 · 기억력 및 분별력 증가	· 성취감 증가 · 표현력 증가

일반적인 치료적 개입

신체적	인지적	심리사회적
· 가능하면 손으로 직접 수확하도록 격려한다. · 손가락의 움직임이 유연하지 못한 대상자의 경우 가위를 이용하여 새싹채소를 수확한다. · 새싹채소를 포함한 재료를 옮길 때에 젓가락이나 작은 숟가락을 이용하도록 함으로써 미세 근육 훈련을 하도록 한다.	· 손으로 수확한 새싹채소의 경우 뿌리에 붙어 있을 수 있는 솜을 손을 이용하여 제거하도록 한다. · 가위 사용 시 뿌리 윗부분으로 수확하도록 지시하여 눈 · 손 협응력을 향상시킨다. · 새싹채소를 수확하여 재료를 섞기 전에 종류별로 새싹채소의 맛을 먼저본다. · 촉 · 미감각 자극을 위하여 가능하면 손으로 새싹채소를 직접 만지고, 맛을 보도록 한다. · 파종한 새싹채소의 종류를 기억하도록 유도하고 파종했던 씨앗의 모양을 보고 발아한 새싹채소가 무엇인지 유추하여 구별하도록 유도한다.	· 파종한 후, 성장한 새싹채소의 변화를 관찰하여 그 느낌에 대해 자유롭게 이야기할 수 있도록 유도한다. · 자신이 직접 키운 새싹채소로 샐러드를 만들어 자신과 동료가 나누어 먹도록 함으로써 성취감을 느낄 수 있도록 한다.

방법 및 팁

- 새싹채소로 샐러드뿐만 아니라 비빔밥, 샌드위치 등을 요리해 먹어본다.
- 여러 새싹채소를 키워 자신이 원하는 새싹채소를 선택하여 샐러드에 넣어 만든다.

활동명	잔디인형 만들기
활동 장소	실내
활동 시기	봄, 여름, 가을, 겨울
집단 크기	10~15명
예상 소요 시간	50~60분
준비물	스타킹, 잔디씨, 질석, 글루건, 장식용 눈알, 모루, 볼, 가위, 플라스틱 컵, 작은 그릇, 대야

활동 내용(방법, 과정)

① 재료를 준비한다.

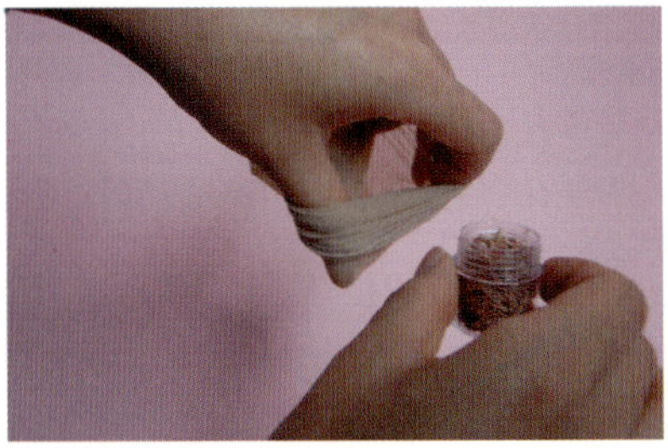

② 잔디씨를 숟가락이나 작은 그릇을 이용하여 스타킹에 넣는다.

③ 스타킹에 질석을 넣은 후, 매듭을 짓는다.

④ 글루건을 사용하여 장식용 눈알, 모루 등 장식품으로 얼굴 형태를 만들고 장식한다.

⑤ 완성된 잔디인형을 물에 충분히 담근 후 꺼낸다.

⑥ 잔디가 자라는 모습

일반적인 기대 효과

신체적	인지적	심리사회적
· 장악력 · 근력 향상	· 장기기억 자극 · 관찰력 향상 · 지식 증가 · 작업수행력 증가	· 표현력 및 발표력 향상 · 기대감 증가 · 성취감 증가

일반적인 치료적 개입

신체적	인지적	심리사회적
· 스타킹에 질석을 넣은 후 매듭을 짓고, 글루건과 가위를 이용함으로써 장악력 · 근력을 향상시키는 훈련을 하도록 한다. · 편마비나 손 떨림이 심한 대상자의 경우, 2명씩 짝을 지어 서로 도와가면서 작업을 수행하도록 유도하고, 글루건의 사용은 보조자가 대신한다.	· '인형'이라는 소재를 통해 유년 시절의 놀이거리에 대해 회상해보며, 장기 기억을 자극한다. · 잔디인형 만들기와 관찰을 통하여 식물의 번식 방법과 씨앗이 발아하는 데 필요한 환경 조건을 이해하도록 한다. · 다양한 식물의 씨앗과 인공 토양을 관찰하고 설명해보도록 한다. · 모든 과정을 진행자의 지시에 따라 가능한 스스로 수행하도록 격려하여 작업 수행 능력을 기르도록 한다.	· 잔디가 자란 잔디인형을 보여줌으로써 활동 참여에 동기를 부여하고, 기대감을 갖도록 한다. · 대상자의 발표 시 다른 대상자들은 경청하도록 하며, 발표 후에는 큰 박수로 공감과 격려를 표현해주어 자신감과 성취감을 느끼도록 한다. · 만들고 싶은 인형을 자유롭게 표현하도록 하여 창의력을 높인다. 잔디에서 싹이 트는 과정을 경험하면서 인내하는 마음과 생명력을 경험하도록 한다. · 의미 있는 인물을 잔디인형으로 표현하도록 하여 표현력을 향상시킨다.

방법 및 팁

- 질석의 양을 조절하여 얼굴의 크기와 형태를 다양하게 할 수 있다.
- 잔디인형을 창가에 두면 싹이 제법 길고 튼튼하게 자라므로 여러 가지 헤어스타일을 연출해보면 재미있다. 여럿이 헤어스타일 콘테스트를 해보면 어떨까?
- 스타킹의 밑 부분을 통해 물이 빨려 올라오도록 밑 부분이 항상 물에 적셔 있도록 관리한다.
- 스타킹 선택 시, 잔디인형의 얼굴이 완성된 모습을 상상하여 원하는 색깔(살색, 갈색, 검정색)을 선택한다.

활동명	토피어리 만들기
활동 장소	책상이나 돗자리가 준비된 실내
활동 시기	봄
집단 크기	10~15명
예상 소요 시간	40~50분
준비물	식물(아이비, 테이블야자 등)물받침, 낚싯줄, 수태, 생명토, 식물, 와이어, 눈, 코, 리본

활동 내용(방법, 과정)

① 좋아하는 관엽식물(아이비)을 준비한다.

② 수태를 물에 충분히 적셔준다.

③ 관엽(아이비) 뿌리를 흙이 없도록 충분히 씻어준다.

④ 뿌리부분에 수태를 놓고 낚시줄로 묶어준다.

⑤ 원하는 크기만큼 2~3회 수태를 묶어준다.

⑥ 장식리본, 장식볼, 눈으로 글루건을 붙여 꾸며주면 완성된다.

일반적인 기대 효과

신체적	인지적	심리사회적
· 손의 기민성 훈련 · 운동 감각 증가 · 악력 증가	· 지식 습득 · 눈 · 손 협응력 증가 · 촉감각 자극	· 기대감 증가 · 사회적 상호작용 증가 · 표현력 및 발표력 향상 · 성취감 증가

일반적인 치료적 개입

신체적	인지적	심리사회적
· 손의 움직임이 유연하지 못해 낚싯줄 사용이 어려운 경우, 낚싯줄 대신 고무줄을 이용하도록 한다. · 낚싯줄로 수태를 팽팽하게 감도록 하여 손의 기민성 및 악력을 증가시키도록 한다.	· 식물이 흙이 아닌 수태에서 어떻게 자랄 수 있을지 생각해본다. · 수태가 물을 먹기 전과 후에 손으로 만져봄으로써 촉감각을 자극하고, 수태가 물을 흡수하는 과정을 관찰하도록 한다. · 토피어리를 만드는 도중에는 자연스러운 집중이 이루어지도록 지시, 질문 등의 언어적 개입의 양을 조절한다.	· 완성된 토피어리를 미리 보여줌으로써 활동 참여에 동기를 부여하고, 기대감을 갖도록 한다. · 낚싯줄로 수태를 감는 작업을 짝과 함께 수행하도록 함으로써 사회적 상호작용을 증가시킨다. · 자유롭게 표현하도록 하여 창의력을 향상시킨다. · 나의 모습을 토피어리로 표현하도록 하여 표현력을 향상시킨다. · 발표 시 다른 대상자들은 경청하도록 하며, 발표 후에는 큰 박수로 공감과 격려를 표현해주어 자신감과 성취감을 느끼도록 한다.

방법 및 팁

· 와이어를 이용하여 다양한 모양으로 만들어본다.

예)

〈출처〉 http://blog.naver.com/junefull25

활동명	꽃잎, 나뭇잎 채집하여 말리기
활동 장소	실내
활동 시기	봄, 여름, 가을
집단 크기	10~15명
예상 소요 시간	40~50분
준비물	가위, 비닐, 휴지 또는 습자지, 두꺼운 책 또는 압판

활동 내용(방법, 과정)

① 꽃과 나뭇잎을 채집한다.

② 채집한 꽃과 나뭇잎을 휴지나 습자지 위에 가지런히 놓은 후, 그 위를 다시 휴지나 습자지로 덮어준다.

③ 두꺼운 책이나 압판에 넣어 놓는다.

④ 1~2주일 후에 열어본다.

⑤ 잘 말랐는지 확인한다.

⑥ 직접 말린 압화로 다양한 작품을 만들어본다.

일반적인 기대 효과

신체적	인지적	심리사회적
· 미세 근육 발달	· 계절감각 인지 · 시 · 후감각 자극	· 표현력 증가 · 성취감 증가

일반적인 치료적 개입

신체적	인지적	심리사회적
· 손가락 움직임이 유연하지 못한 대상자의 경우 큰 꽃이나 나뭇잎을 선택한다. · 채집한 꽃이나 나뭇잎이 잘 펴진 상태로 말리기 위해 손가락으로 꽃잎 하나하나를 펴는 과정에서 미세 근육을 발달시킨다.	· 말릴 꽃과 나뭇잎을 채집하는 과정에서 계절감을 인지할 수 있도록 유도한다. · 계절별로 관찰할 수 있는 꽃과 나무에 대해 생각해보도록 유도한다. · 채집한 꽃과 나뭇잎을 생김새를 관찰하고, 냄새를 맡아보도록 함으로써 시각, 후각을 자극한다. · 누름꽃을 만들 수 있는 방법에 어떤 방법들이 있는지 생각해보도록 유도한다.	· 자신의 느낌에 대해 이야기할 때에 자유롭게 표현할 수 있도록 격려한다. · 자신이 직접 눌렀던 꽃과 나뭇잎으로 작품을 만들도록 함으로써 성취감을 향상시킨다.

방법 및 팁

· 다리미로 다려서 짧은 시간 내에 꽃잎을 말릴 수도 있다. 이렇게 말리는 꽃잎은 색깔이 금세 변하기도 하지만, 시간을 줄일 수 있기 때문에 요긴하게 쓸 수 있는 방법이다.
· 압화를 이용한 작품에는 압화 카드, 압화 액세서리, 압화 시계, 압화 책갈피, 압화 거울, 압화 스텐드 등이 있다.

예)

〈출처〉 http://www.foreverlove.co.kr/

활동명	압화 액자 만들기
활동 장소	실내
활동 시기	봄, 여름, 가을, 겨울
집단 크기	10~15명
예상 소요 시간	40~50분
준비물	압화, 압화용 풀 또는 목공용 풀, 색상지, 사인펜 또는 색연필, 액자, 핀셋, 압화용 칼, 가위, 이쑤시개
활동 내용(방법, 과정)	

① 액자 틀에 맞게 색상지를 자른다.

② 색상지 위에 압화를 놓으면서 구도를 잡아본다.

③ 구상한 자리에 압화용 풀을 바른 후 이쑤시개를 이용하여 골고루 퍼뜨린다.

④ 그 위에 압화를 적절히 배치시켜 고정시킨다.

⑤ 완성된 작품에 서명을 하고, 액자틀에 넣는다.

⑥ 완성된 모습을 감상한다.

일반적인 기대 효과

신체적	인지적	심리사회적
· 미세 근육 발달 · 지구력 증가 · 악력 증가	· 공간 감각 증가 · 인지 기능, 수 개념 · 집중력 증가	· 기대감 증가 · 성취감 증가 · 표현력 향상

일반적인 치료적 개입

신체적	인지적	심리사회적
· 섬세한 작업을 요구하는 작은 크기의 압화를 준비하여 작품을 만들 때에 미세 근육이 발달되도록 유도한다. · 손가락 움직임이 유연하지 못한 대상자의 경우 압화의 크기가 큰 것을 선택한다. · 압화 하나하나를 집어 배치시키는 반복적인 작업을 통해 지구력을 증가시킨다. · 목공용 풀을 사용하는 과정을 통해 악력을 증가시킨다.	· 꽃잎을 분해할 때 꽃잎의 수를 세도록 한다. · 압화를 어디에 배치시키면 좋을지 생각해보도록 한다. · 압화를 관찰하여 그 이름을 맞추어 보도록 한다.	· 압화로 자신만의 액자를 만들 것을 전달하여 기대감을 갖도록 한다. · 압화 작품을 만들다보면 흔히 볼 수 있는 풀 한 포기마저 아름답게 볼 수 있고 식물을 귀하게 여길 수 있는 마음의 눈을 뜨게 된다. · 활동을 완료하도록 격려하고 활동 완성에 대하여 칭찬한다. · 완성한 압화 액자를 자신이나 다른 대상에게 선물함으로써 성취감을 느끼도록 유도한다.

방법 및 팁

· 목공용 풀을 너무 많이 바르면 풀 자국이 남으므로 적당히 바른다.
· 작은 액자를 준비하여 뒷면에 자석을 붙인 후, 압화 자석 액자를 만들어 사용한다.
· 액자에 자신의 사진을 넣은 후, 사진을 압화로 장식한다.

예)

활동명	허브 미니 정원 만들기
활동 장소	활동하기 편한 실내외
활동 시기	봄
집단 크기	10~15명
예상 소요 시간	40~50분
준비물	허브 식물 여러 개, 깊고 넓은 화분, 삽, 흙, 조경 돌, 이름표, 물, 물 뿌리개

활동 내용(방법, 과정)

① 원하는 허브를 3종류 이상 준비한다.

② 배수가 잘 되도록 화기에 마사토를 깔아준다.

③ 상토를 1/3깔아준 후 허브를 배치한다.

④ 이끼, 돌 등으로 꾸며주면 완성된다.

일반적인 기대 효과

신체적	인지적	심리사회적
· 미세 근육 발달	· 지식 습득 · 관찰력 증가 · 촉 · 후감각 자극 · 의사 결정력 증가	· 기대감 증가 · 성취감 증가

일반적인 치료적 개입

신체적	인지적	심리사회적
· 모종삽이나 도구를 사용하기보다 손으로 직접 배양토를 담거나 손 전체를 이용하여 흙을 만지게 함으로써 손의 움직임을 증가시킨다. · 상토를 만지는 것에 거부감이 있는 대상자의 경우, 비닐장갑을 착용하도록 하여 촉감을 느낄 수 있도록 한다.	· 허브의 의미와 허브의 종류에 대해 생각하여 이야기해보거나 전달하여준다. · 각 허브의 생김새를 관찰하여 관찰력을 증가시키고, 허브의 향을 맡고 이름을 익히도록 한다. · 하나하나의 작업을 통하여 집중력을 기른다. · 허브를 손으로 움켜쥐어 전체를 만져보거나 손가락으로 잎 하나하나를 만져보고, 향을 맡도록 하여 촉 · 후감각을 자극한다. · 각 허브를 어디에 배치시킬 것인지 스스로 결정하여 완성하도록 한다.	· 허브 정원의 완성 후, 허브를 어떻게 이용할 것인지에 대한 기대감을 표현하도록 한다. · 허브 미니 정원의 완성을 통하여 성취감을 느끼도록 돕는다.

방법 및 팁

· 여러 허브 중에 자신이 좋아하는 허브만을 선택하여 허브 미니 정원을 완성해본다.
· 허브의 다양한 이용법에 대하여 알려주고 직접 활동해보자.
예) 허브차, 허브 포푸리 주머니, 허브 식초, 허브 양초, 허브 버터 등.

활동명	포푸리 주머니 만들기
활동 장소	실내
활동 시기	봄, 여름, 가을, 겨울
집단 크기	10~15명
예상 소요 시간	40~50분
준비물	포푸리, 부직포, 조화, 글루건, 빵끈, 리본

활동 내용(방법, 과정)

① 부직포를 주머니 모양으로 접은 후, 글루건으로 붙여 주머니를 만든다.

② 포푸리를 포함하여 필요한 재료를 준비한다.

③ 포푸리를 주머니에 넣는다.

④ 빵끈을 이용하여 주머니 위쪽을 묶고, 리본으로 장식한다.

⑤ 글루건을 이용하여 장식할 위치에 조화를 붙인다.

⑥ 다른 향의 포푸리로 주머니를 하나 더 만들어본다.

일반적인 기대 효과

신체적	인지적	심리사회적
· 미세 근육 발달 · 장악력 · 근력 향상	· 장단기 기억 자극 · 후감각 자극 · 의사 결정력 향상	· 기대감 증가 · 만족감, 성취감 증가 · 상호작용 증가

일반적인 치료적 개입

신체적	인지적	심리사회적
· 포푸리 주머니 만들기, 빵끈 및 글루건 사용, 조화 붙이기 등으로 미세 근육 발달 훈련을 하도록 한다. · 손가락의 움직임이 유연하지 못한 대상자의 경우 완성된 포푸리 주머니를 사용하도록 한다. · 반복적인 글루건 사용으로 장악력 · 근력을 향상시키는 훈련을 하도록 한다. · 편마비나 손 떨림이 심한 대상자의 경우, 2명씩 짝을 지워 서로 도와가면서 작업을 수행하도록 유도하고, 글루건의 사용은 보조자가 대신한다.	· 포푸리의 향을 맡으며, 비슷한 향을 맡아본 기억이 있는지 생각해보도록 한다. · 후감각 자극을 위하여 각각의 향기를 맡도록 하고, 향기만으로 이름을 맞추어 보도록 한다. · 어떤 포푸리를 사용할지, 조화로 어떻게 장식할지, 누구에게 선물할지 스스로 결정하도록 유도하여 의사 결정력을 향상시킨다.	· 포푸리의 효능에 대해 전달함으로써 활동에 동기를 부여하고, 기대감을 갖도록 한다. · 작업수행능력이 떨어지는 대상자는 복잡하지 않은 단순한 과정으로 포푸리를 완성하도록 하여 성취감과 만족감을 느끼게 한다. · 완성한 포푸리 주머니를 다른 사람들에게 선물하도록 함으로써 사회성을 향상시킨다.

방법 및 팁

· 포푸리와 그에 맞는 허브를 실제 보여주어 비교할 수 있도록 한다.
· 포푸리 선택 시 포푸리 향의 효능에 대하여 설명하고 원하는 향을 선택해보자.
· 실제로 허브를 말려 포푸리 주머니를 만들어 보자.
· 다양한 다른 모양으로 포푸리를 만들어 보자.

예)

〈출처〉 http://blog.naver.com/juliajang90, http://blog.naver.com/violetsky719, http://blog.naver.com/1225jsm

활동명	국화차 만들기
활동 장소	책상과 물이 준비될 수 있는 실내
활동 시기	봄
집단 크기	6~10명
예상 소요 시간	4~5시간
준비물	건조기, 국화(소국), 바구니, 면보, 소금, 물, 솥, 찻잔, 차 주전자

활동 내용(방법, 과정)

① 국화차용 국화(감국)에서 꽃만 따준다.

② 냄비에 물을 끓여 죽염을 녹인 후 끓인다.

③ 국화꽃을 1~2분 살짝 데친 후 소금기가 없도록 흐르는 물에 씻어준다.

④ 천으로 물기를 닦아준 후 한지위에 말리면 완성된다.

일반적인 기대 효과

신체적	인지적	심리사회적
활동량 증가	지식 습득 계절감각 인지 후감각 자극	기대감 증가 만족감 증가

일반적인 치료적 개입

신체적	인지적	심리사회적
· 국화를 스스로 채집하도록 함으로써 활동량을 증가시킨다.	· 다도의 경험에 대해 이야기하고, 천연재료로 차를 만들어본 기억이 있는지 생각하도록 한다. · 국화를 채집하고 국화차를 만드는 과정을 통해 계절을 느낄 수 있도록 유도한다. · 국화의 향기를 맡아보고, 향에 대한 기억을 이야기함으로써 후감각을 자극한다. · 국화차를 만들 때에 죽염을 넣는 이유에 대해 생각하도록 한다.	· 지난 날 국화차를 마셨던 때를 회상하도록 하여 국화차를 만드는 데 동기부여를 할 수 있도록 한다. · 직접 만든 국화차를 마실 수 있음에 의미를 부여하여 만족감을 증가시킨다.

방법 및 팁

· 국화차는 해열, 해독, 감기로 인한 두통, 현기증, 이명, 부스럼 등에 효과가 있다.
· 마실 때, 유리 다관에 3~4송이를 띄우고 뜨거운 물을 부으면 노란 국화꽃이 다시 살아난다.
· 국내에서 식용이 가능한 국화는 감국(甘菊), 산국(山菊), 구절초꽃, 모리폴리움 등 4종류 정도이다.

감국

산국

구절초꽃

모리폴리움

〈출처〉 http://www.teafresh.co.kr

활동명	꽃바구니 만들기
활동 장소	실내
활동 시기	봄, 여름, 가을, 겨울
집단 크기	10~15명
예상 소요 시간	50~60분
준비물	장미(Rosa hybrida), 유칼립투스(Eucalyptus globulus), 리시안서스(Eustoma russelianum), 백합(Lilium longiflorum Thunb), 소국(Chrysanthemum morifolium), 바구니, 플로랄 폼, 리본, 빵끈, 꽃가위, 포장지, 대야
활동 내용(방법, 과정)	

① 필요한 재료를 준비하고, 플로랄 폼을 물에 담가 놓은 후 꽃을 정리한다.

② 플로랄 폼을 적당한 크기로 잘라 바구니의 포장지 위에 놓는다.

③ 포인트가 되는 폼플라워인 백합을 먼저 꽂고, 매스플라워, 라인플라워, 필러플라워를 꽂는다.

④ 바구니를 돌려보며 꽃이 조화롭게 꽂혔는지 살펴보고, 부족한 공간에는 꽃을 더 꽂아준다.

⑤ 작은 소품으로 장식한 리본을 꽃바구니에 달아 장식한다.

일반적인 기대 효과

신체적	인지적	심리사회적
· 장악력 · 근력 향상 · 어깨근육운동 · 관절운동	· 지식 습득 · 지시 수행 능력 향상 · 눈 · 손 협응력 향상	· 기대감 증가 · 성취감 증가 · 만족감 증가

일반적인 치료적 개입

신체적	인지적	심리사회적
· 가위질의 횟수를 증가시켜 장악력 · 근력 향상에 기여한다. · 자르기 동작을 반복하여 어깨부위의 근육과 관절운동 범위를 향상시키도록 한다. · 손가락 움직임이 유연하지 못하거나 힘이 부족한 대상자의 경우 줄기가 가는 소재를 선택하여 자르기 쉽도록 한다.	· 물에 잠기기 전과 잠긴 후의 플로랄폼의 무게감을 비교하고, 이유에 대해 생각해보도록 한다. · 잘라야 할 줄기의 부위와 개수를 명확하게 전달하여 지시에 맞게 수행할 수 있도록 유도한다. · 꽃꽂이의 기본 개념 및 지식에 대하여 습득하도록 한다. · 꽃을 다듬고 자르고 정확한 위치에 꽂는 모든 동작을 통하여 눈과 손의 협응력을 향상시킨다.	· 자신의 생각, 특히 기대감에 대하여 말로 표현하도록 격려한다. · 시각적으로 화려한 꽃을 이용하여 작품을 완성해내는 활동이므로 작품성과 미적 수준에 대하여 긍정적으로 평가하여 성취감과 만족감을 느끼도록 한다. · 독립적으로 작품을 완성하도록 하여 성취감과 자기 만족감을 느끼도록 한다.

방법 및 팁

· 소재의 줄기는 깊게 파인 사선으로 길게 다듬어서 꽂아 물오름이 쉽게 한다.

꽃의 형태에 따른 분류

라인(Line) 플라워	· 긴 줄기에 많은 꽃이 달려서 전체적인 디자인을 잡아주는 역할을 하며, 형태의 골격이나 외곽선을 형성하는 데 쓰여 디자인 크기의 비율을 결정해 준다.
폼(Form) 플라워	· 꽃의 모양 형태가 크고 화려해서 시선을 끄는 꽃 소재로 얼굴이 큰 꽃인 백합, 서양란 등으로 소재 자체의 가치를 부각시키며 지배적 공간을 확보해 준다.
매스(Mass) 플라워	· 한 줄기에 하나의 송이가 둥근 모양의 꽃으로, 부피감과 안정감을 주기 때문에 작품 속에서 공간을 메우는 데 사용되며 디자인에 양감을 더해 볼륨을 더해 준다.
필러(Filler) 플라워	· 크기가 작은 잔잔한 꽃송이들이 한 줄기에 여러 개가 달려 있어 무리를 이루는 안개꽃, 스프레이국화 등으로 꽃과 꽃 사이에 채워 넣어 입체감을 살려주는 역할을 하기 때문에 주로 다른 재료들에 종속되어 작품의 깊이를 더해준다.

활동명	꽃다발 만들기
활동 장소	실내
활동 시기	봄, 여름, 가을, 겨울
집단 크기	10~15명
예상 소요 시간	50~60분
준비물	장미(Rosa hybrida), 유칼립투스(Eucalyptus globulus), 리시안서스(Eustoma russelianum), 백합(Lilium longiflorum Thunb), 소국(Chrysanthemum morifolium), 리본, 빵끈, 꽃가위, 포장지

활동 내용(방법, 과정)

① 필요한 재료를 준비한다.

② 꽃의 가시와 잎을 다듬고, 키를 맞추어 놓는다.

③ 꽃의 줄기를 한쪽 방향으로 돌리며 배열한다.

④ 포장지로 꽃다발을 감싸듯 둘러싼다.

⑤ 두 가지 색의 리본을 겹쳐 장식한다.

⑥ 포장지 밖으로 튀어나온 줄기를 가지런히 자른다.

일반적인 기대 효과

신체적	인지적	심리사회적
· 장악력 · 근력 향상 · 어깨 부위 근육운동 · 관절운동	· 지식 습득 · 지시 수행 능력 향상 · 눈 · 손 협응력 향상	· 기대감 증가 · 성취감 증가 · 만족감 증가

일반적인 치료적 개입

신체적	인지적	심리사회적
· 가위질의 횟수를 증가시키고 줄기가 흩어지지 않게 단단히 잡아 장악력 · 근력 향상에 기여한다. · 자르기 동작을 반복하여 어깨부위의 근육과 관절운동 범위를 향상시키도록 한다. · 손가락 움직임이 유연하지 못하거나 힘이 부족한 대상자의 경우 줄기가 가는 소재를 선택하여 자르기 쉽도록 한다.	· 치료사의 지시대로 줄기를 돌려가며 차곡차곡 올릴 수 있도록 유도한다. · 잘라야 할 줄기의 부위와 개수를 명확하게 전달하여 지시에 맞게 수행할 수 있도록 유도한다. · 꽃을 다듬고 자르고 정확한 손동작으로 잡기 등과 같은 모든 동작을 통하여 눈과 손의 협응력을 향상시키도록 유도한다.	· 완성한 작품을 선물할 대상을 미리 생각하도록 함으로써 활동에 동기를 부여하고, 기대감을 증가시킨다. · 자신의 생각, 특히 기대감에 대하여 말로 표현하도록 격려한다. · 다른 대상자의 작품을 함께 감상하며 의견을 주고받으면서 대화를 유도한다. · 시각적으로 화려한 꽃을 이용하여 작품을 완성해내는 활동이므로 작품성과 미적 수준에 대하여 긍정적으로 평가하여 성취감과 만족감을 느끼도록 한다. · 독립적으로 작품을 완성하도록 하여 성취감과 자기 만족감을 느끼도록 한다.

방법 및 팁

· 꽃다발을 만들 때는 줄기가 한쪽 방향으로 돌아가야 꽃이 편안하게 자리를 잡을 수 있다.
· 줄기는 깨끗이 다듬어야 물에 담갔을 때 물이 부패하지 않고 물올림이 좋아져 생명을 오래 유지할 수 있다.

활동명	공중걸이 화분 만들기
활동 장소	실내
활동 시기	봄, 여름, 가을, 겨울
집단 크기	10~15명
예상 소요 시간	30~40분
준비물	트리안(Muehlenbeckia comlexa), 공중걸이 화분, 마사토, 배양토, 그물망, 모종삽, 대야

활동 내용(방법, 과정)

① 공중걸이 화분용으로 적절한 식물과 필요한 재료를 준비한다.

② 그물망을 적당한 크기로 잘라 화분 바닥에 놓는다.

③ 화분 바닥에 배수층으로 마사토를 깐다.

④ 마사토 위에 배양토를 덮는다.

⑤ 포트에서 식물을 꺼내 알맞은 위치에 식재하고 배양토를 덮어 뿌리가 보이지 않도록 한다.

⑥ 물을 충분히 주고 어느 정도 햇빛이 들어오는 곳에서 기른다.

일반적인 기대 효과

신체적	인지적	심리사회적
· 미세 근육 발달	· 지식 습득 · 눈 · 손 협응력 향상 · 작업수행력 향상 · 촉감각 자극	· 성취감 증가 · 책임감 부여

일반적인 치료적 개입

신체적	인지적	심리사회적
· 배양토를 섞거나 배양토, 식물을 만져보는 과정에서 손가락을 많이 움직이도록 세부과정을 계획한다. · 모종삽이나 도구를 사용하기보다 손으로 직접 배양토를 담거나 손 전체를 이용하여 흙을 만지게 함으로써 손의 움직임을 증가시킨다.	· 식물의 생태특징을 이용한 다양한 식재 방법을 익힌다. · 화분을 만드는 도중에는 자연스러운 집중이 이루어지도록 지시, 질문 등의 언어적 개입의 양을 조절한다. · 공중걸이 화분의 특징을 이야기해 주고, 관리법을 인식하도록 한다. · 식물과 상토를 직접 만져봄으로써 촉각자극을 유도한다. · 상토를 직접 만지는 것에 거부감이 있는 대상자의 경우, 비닐장갑을 착용한 상태로 흙을 만져 촉감을 느끼도록 한다.	· 활동을 완료하도록 격려하고 활동 완성에 대하여 칭찬한다. · 물을 자주 주어야 함을 전달하여 관리에 대한 책임감을 갖도록 한다.

방법 및 팁

- 공중걸이 화분으로 키울 수 있는 다른 식물을 생각해보자.
  - 스킨답서스, 아이비, 에스키난서스, 호야, 러브체인, 세네시오, 홀리아페페, 접란, 트리안, 푸밀라고무나무, 사피니어, 뉴기니아 봉선화 등
- 공중걸이 화분에 물을 줄 때, 화분을 내려서 물을 주고 물이 빠지기를 기다린 후 다시 거는 방법으로 물을 주거나 화분 아래 물받이가 붙어 있는 화분을 이용하여 물이 흘러넘치지 않을 정도로 물을 준다.

활동명	숯부작 만들기
활동 장소	실내
활동 시기	봄, 여름, 가을, 겨울
집단 크기	10~12
예상 소요 시간	50~60분
준비물	숯, 장식물, 용기, 난종류 식물, 글루건, 글루, 장식돌 등

활동 내용(방법, 과정)

① 숯과 장식물들을 준비한다.

② 숯의 바닥에 글루건을 사용하여 화기의 바닥에 붙인다.

③ 난을 원하는 위치에 배치하여 낚시줄로 묶는다.

④ 장식물을 원하는 곳에 이쁘게 배치하여 완성한다.

일반적인 기대 효과

신체적	인지적	심리사회적
· 미세 근육 발달 · 악력 및 근력 향상	· 장단기 기억 자극 · 지식 습득 · 눈 · 손 협응력	· 기대감 증가 · 표현력 향상 · 자기통찰

일반적인 치료적 개입

신체적	인지적	심리사회적
· 글루건이나 낚싯줄을 사용하는 과정을 통해 손의 미세동작 훈련 및 근력 향상에 도움을 주도록 한다. · 손가락 움직임이 유연하지 못한 대상자의 경우 보조자의 도움을 받도록 한다.	· 과거에 재배 경험이 있다면 어떤 난을 재배했으며, 어떻게 재배하기 시작했는지, 얼마나 오래 재배했었는지 자신의 이야기를 다른 사람과 나누도록 한다. · 숯에 붙어 살아가는 난의 착생적 특성에 대한 지식을 습득할 수 있다. · 낚싯줄로 숯과 식물을 묶는 작업을 할 때 치료사의 지시에 따라 천천히 수행하도록 하여 눈 · 손 협응력을 향상시킨다.	· 완성한 후에 선물할 대상이나 전시할 장소에 대한 기대감에 대하여 말로 정확하게 표현하도록 격려한다. · 자신의 작품의 주제나 특징에 대해 이야기하도록 하여 표현력을 향상시킨다. · 어딘가에 의지하여 도움을 받아야만 살 수 있는 착생란의 특성을 통하여 인간 삶, 특히 자신이 의지하고 있거나 자신을 의지하고 있는 무엇에 대한 통합을 이룰 수 있다.

방법 및 팁

· 숯은 제습/습도 조절, 악취 제거, 정화작용, 방부효과, 음이온 발산, 원적외선 방출, 미네랄 공급, 전자파 흡수 등의 효능이 있다.
· 풍란의 뿌리가 봄부터 여름까지 한 번, 가을에 한 번 자라기 때문에 숯부작, 석부작, 목부작의 제작 시기는 봄이 적당하다.
· 어린이나 청소년보다 중 · 장년 세대에서 호응이 높은 프로그램이다.
· 숯 대신에 돌이나 나무껍질을 이용하여 석부작, 목부작을 만들어본다.

예)

〈출처〉 http://blog.naver.com, http://kr.blog.yahoo.com

활동명	손수건에 꽃물 들이기
활동 장소	실내
활동 시기	봄, 여름, 가을, 겨울
집단 크기	30~40명
예상 소요 시간	50~60분
준비물	다양한 꽃잎, 헝겊, 백반, OHP필름 등

활동 내용(방법, 과정)

① 원하는 꽃을 준비한다.

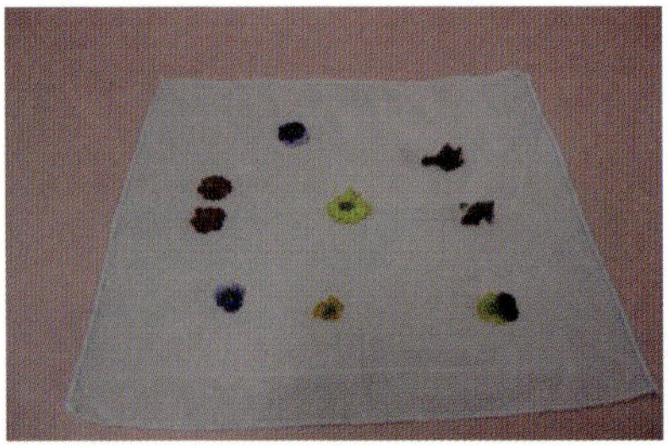

② OHP필름 위에 면을 깐 후 꽃을 배치한다.

③ OHP필름을 놓고 돌로 문질러 색이 천에 입히도록 한다.

④ 꽃잎을 떼서 백반을 녹인 물에 담근 후 물에 헹궈 말리면 완성된다.

일반적인 기대 효과

신체적	인지적	심리사회적
· 장악력 · 근력 향상 · 상지 관절 기능 향상	· 과거의 기억 회상 · 창의력 향상 · 의사 결정력 증가	· 부정적 감정 표출 · 자기 표현력 향상 · 성취감 및 만족감 증가

일반적인 치료적 개입

신체적	인지적	심리사회적
· 돌을 쥐어 반복적으로 두드리는 작업을 통해 장악력 · 근력과 상지 관절 기능을 향상시키도록 유도한다. · 양쪽 상지를 모두 이용하도록 유도한다.	· 옷이 채소나 과일의 즙으로 물들거나 손톱에 봉숭아물을 들인 경험과 손수건을 선물하거나 받아본 경험이 있는지 이야기 나눔으로써 과거의 기억을 회상할 수 있도록 한다. · 손수건에 꽃을 자유롭게 배치하도록 하여 창의적인 표현이 가능하도록 유도한다. · 다양한 재료들을 준비하여 자신이 원하는 재료를 선택하여 만들 수 있도록 유도한다.	· 허용된 범위 내(자신의 손수건만, 가능한 꽃 부분만, 다른 기물이 파손을 일으키지 않을 정도만 등)에서 두드리게 하여 내재되어 있던 부정적인 감정을 표출하게 한다. · 자신이 표현하고자 했던 것에 대하여 말로 표현하도록 격려한다. · 꽃을 이용하여 직접 손수건을 만들어봄으로써 성취감과 만족감을 경험하도록 한다.

방법 및 팁

- 좀 더 진한 색을 원한다면 과정을 반복하여 실시한다.
- 파슬리, 허브, 오미자, 당근, 쑥, 감 등을 이용하여 다양한 색상을 표현해본다.
- 매염제란 섬유에 대한 친화력이 부족하여 직접 섬유에 염색되지 않는 섬유를 염색할 때 쓰이는 매개물질이며, 매염제로서 주로 사용되는 것은 알루미늄염(백반 · 아세트산알루미늄 등), 크로뮴염(크로뮴백반 · 다이크로뮴산염 · 염화크로뮴 등), 철염(황산철 · 아세트산철 등) 등이 있다.
- 매염제 구입 방법
  - 인터넷 구입: 쪽빛나라(www.indigonara.co.kr), 로하스 랩(www.lohaslab.co.kr)
- 직접 구입: 화공약품상

활동명	천연염색 한지 만들기
활동 장소	실내
활동 시기	봄, 여름, 가을, 겨울
집단 크기	10~15명
예상 소요 시간	50~60분
준비물	양파(Allium cepa), 백반, 한지, 믹서기, 젓가락, 대야

활동 내용(방법, 과정)

① 재료를 준비한다.

② 양파의 껍질을 깐다.

③ 양파껍질의 약 3배 정도의 물과 함께 믹서기에 넣어 간다.

④ 믹서에 간 양파즙을 대야에 넣은 후, 백반을 넣어 녹인다.

⑤ 한지를 대야에 넣어 잠기도록 한다.

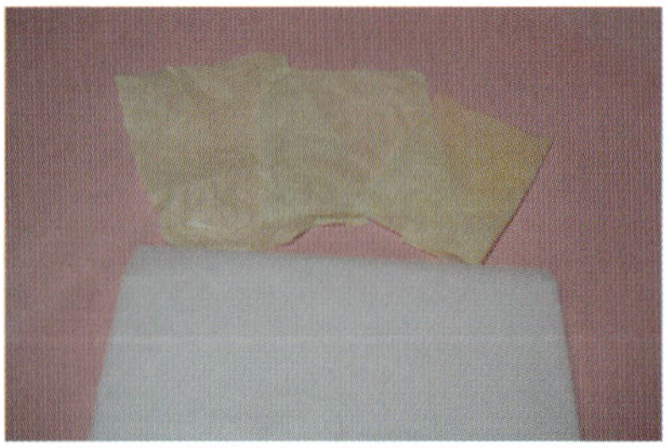

⑥ 한지를 대야에서 건져 말리면 양파껍질로 염색한 한지가 완성된다.

일반적인 기대 효과

신체적	인지적	심리사회적
· 관절기능 향상 · 미세 근육 발달	· 장단기 기억 자극 · 지식 증가 · 집중력 향상	· 기대감 증가 · 만족감 및 성취감 증가

일반적인 치료적 개입

신체적	인지적	심리사회적
· 양파의 껍질을 까거나 얇은 한지를 염색하는 과정에서 미세 근육을 발달시킨다. · 섬세한 작업이 어려운 대상자의 경우, 찢어지기 쉬운 한지보다 천을 이용하도록 한다.	· 옷이 채소나 과일의 즙으로 물들었던 기억을 회상하도록 하여 장단기 기억을 자극한다. · 양파껍질 이외에 염색할 수 있는 재료에 대해 생각해고, 전달해줌으로써 지식을 증가시킨다. · 작품을 만드는 중에는 자연스러운 집중이 이루어지도록 지시, 질문 등의 언어적 개입의 양을 조절한다.	· 작품의 완성품에 대한 기대와 관심을 갖게 하여 프로그램에 대한 호기심을 유발하고 집중할 수 있도록 유도 · 격려한다. · 완성된 작품을 어떤 용도로 이용할지 이야기함으로써 만족감 및 성취감을 갖도록 한다.

방법 및 팁

- 양파껍질은 진한 주황빛에 윤기가 나는 것일수록 노란색이 잘 우러난다.
- 믹서기를 이용하여 염색하는 방법 이외에 끓여 염색하는 방법이 있다.
- 천연염색 재료 및 색
  - 포도껍질(보라색, 회색), 치자(노란색), 쑥(회색), 은행잎사귀(회색), 쪽(파란색, 검정색), 복숭아 꽃(핑크색), 도토리(회색, 밤색), 감(붉은 황색, 회색, 녹색), 라벤더(청록색), 로즈메리(갈색), 민트(연두색), 타임(녹색), 케모마일(노란색)
- 천연염색으로 손수건, 옷, 스카프, 식탁보 등을 염색할 수 있다.

예)

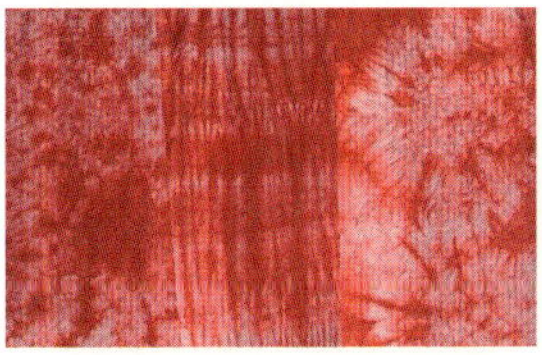
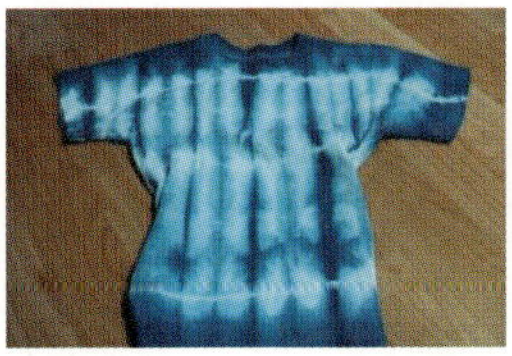

활동명	테라리움 만들기
활동 장소	실내
활동 시기	봄, 여름, 가을, 겨울
집단 크기	10~15명
예상 소요 시간	50~60분
준비물	드라세나 산데리아나 빅토리아(Dracaena sanderiana 'Victoria'), 금사철(Eunymus japonica for. aureo-variegata), 핑크스타(Fittonia 'Pink star'), 호야(Hoya carnosa), 유리화기, 마사토, 배양토, 대야, 모종삽, 색돌, 긴 수저

활동 내용(방법, 과정)

① 사용할 식물과 어울릴 색돌을 선택하여 재료를 준비한다.

② 유리용기에 배수를 위해 모종삽을 이용해 마사토를 깐다.

③ 그 위에 배양토를 넣은 후, 식물을 포트에서 분리한다.

④ 식물을 배치할 위치를 생각하여 뿌리가 보이지 않게 심는다.

⑤ 나머지 식물들도 동일한 방법으로 식재한 후, 색돌로 유리화기 주변을 둘러 쌓아 장식한다.

⑥ 완성된 모습

일반적인 기대 효과

신체적	인지적	심리사회적
· 미세 근육 발달	· 문제를 해결하기 위한 사고력 증진 · 작업수행능력 · 창의력 증진	· 성취감 증가 · 인내심 증가

일반적인 치료적 개입

신체적	인지적	심리사회적
· 작은 구멍을 통과하여 식물을 심고, 색돌로 장식하는 과정에서 섬세한 움직임을 유도하여 미세 근육을 발달시킨다. · 손가락 움직임이 섬세하지 못한 대상자의 경우 구멍이 큰 유리화기를 사용하도록 한다.	· 작은 구멍을 통과하여 식물을 심고, 색돌로 장식하기 위해서 필요한 도구에 대해 생각해보도록 한다. · 만드는 도중에는 자연스러운 집중이 이루어지도록 지시, 질문 등의 언어적 개입의 양을 조절한다. · 진행자의 작업 시범을 보고 정확히 따라 수행하도록 격려하고 여러 가지 식물을 반복적으로 같은 방법으로 식재함으로써 작업수행능력을 향상시킬 수 있다. · 식물을 어디에 배치할지, 어떤 색의 색돌을 선택하여 장식할지 등에 대해 스스로 선택하여 완성하도록 함으로써 창의력을 증진시킨다.	· 활동을 완료하도록 격려하고 활동 완성에 대하여 칭찬한다. · 작품 완성 후, 자신의 테라리움의 주제 및 특징에 대해 자랑하는 시간을 갖도록 하여 성취감을 증진시킨다.

방법 및 팁

- 테라리움은 '유리 용기 안의 작은 정원'이란 뜻에서 유래된 것으로, 밀봉된 유리 용기 속에서도 적당한 빛만 있으면 물과 산소가 순환되어 성장이 가능한 원리를 이용한 작은 정원이다.
- 물은 흙이 약간 마르면 흙을 골고루 적실 정도만 주도록 한다.
- 테라리움 용기가 깊은 경우, 식물을 심을 때에 긴 수저를 이용하여 흙을 파고 핀셋을 이용하여 식물을 심으면 훨씬 수월하게 작업할 수 있다.

활동명	허브 비누 만들기
활동 장소	실내
활동 시기	봄, 여름, 가을, 겨울
집단 크기	20~30명
예상 소요 시간	40~50분
준비물	비누베이스, 용기, 칼, 색소분말, 에센셜오일, 비누틀 등

활동 내용(방법, 과정)

① 비누 베이스가 녹기 쉽도록 적당히 잘라준다.

② 비커(냄비)에 넣고 가열하여 녹인다.

③ 색소분말이 잘 섞이도록 저어준다.

④ 라벤더 에센셜 오일을 1g에 1방울씩 넣어준 후 잘 섞어준다.

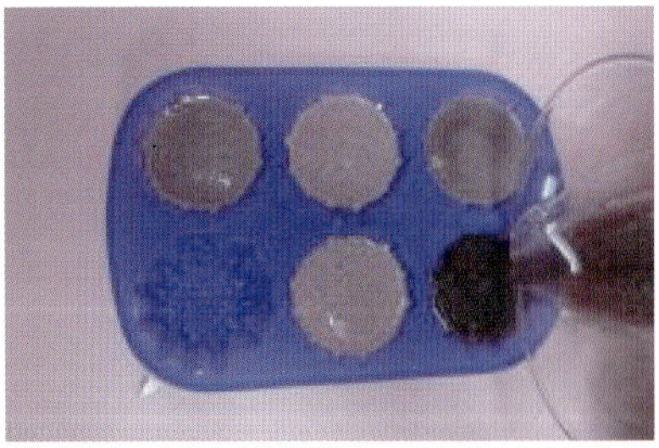

⑤ 비누틀에 담는다.

⑥ 완성된 허브비누는 통풍이 잘 되는 장소에서 위, 아래로 바꾸어 주면서 2~3일 동안 건조하여 완성한다.

일반적인 기대 효과

신체적	인지적	심리사회적
· 미세 근육 발달 · 손가락 관절운동 · 상지 관절운동	· 관찰력 증가 · 시 · 후감각 자극 · 작업 수행력 · 의사 결정력	· 기대감 증가 · 성취감 증가

일반적인 치료적 개입

신체적	인지적	심리사회적
· 지속적으로 비누가 잘 만들어질 수 있도록 반복적으로 저어주는 과정에서 미세 근육 발달과 손가락 관절운동 및 상지 관절운동을 하도록 한다.	· 색과 향을 관찰, 감지하여 어떤 천연 분말인지 구별하도록 격려하고 정보를 제공하여 확인하도록 한다. · 지시와 함께 직접 시범을 보여줌으로써 한 단계씩 함께 작업을 수행할 수 있도록 한다. · 자신이 원하는 천연분말과 아로마 에센셜 오일을 선택할 수 있도록 격려하여 의사 결정력을 높여준다.	· 완성한 비누를 어떤 용도로 사용할지 생각해보고 이야기 나눔으로써 기대감을 심어준다. · 비누를 완성한 후, 각자의 비누를 자랑하는 시간을 갖도록 하여 성취감을 갖도록 한다.

방법 및 팁

· 아로마 에센셜 오일의 효과
- 페퍼민트: 피로회복, 감기, 해열, 두통, 소화불량, 이뇨, 편두통
- 라벤더: 스트레스 해소, 불면증 해소, 항염, 항생
- 로즈메리: 근육질환, 관절염, 여드름, 기억력, 두통, 피로감소, 감기, 충농증
- 레몬: 원기회복, 두통, 소화기 강화, 스트레스 해소

· 에탄올 사용법
① 비누용액 표면에 거품이 일어나면, 에탄올을 살짝 뿌려 거품을 없앤다.
② 층비누 만들기: 비누를 일정량 부어 굳힌 다음 에탄올을 살짝 뿌려 약 5~10초간 표면이 살짝 녹고 에탄올이 휘발되면 다른 색의 비누를 부어 굳힌다.

· 적당히 굳은 후 냉동고에 10~20분 동안 넣어두면, 몰드에서 비누가 쉽게 분리된다.
· 완성한 비누를 보관 또는 선물하려면 랩으로 싸거나 지퍼백에 넣어 습기가 달라붙지 않게 하는 것이 좋다.

활동명	알로에 로션 만들기
활동 장소	실내
활동 시기	봄, 여름, 가을, 겨울
집단 크기	10~15명
예상 소요 시간	50~60분
준비물	기초로션, 알로에 베라(Aloe barbadensis), 오목한 그릇, 나무젓가락, 화장품 병, 아로마 에센셜 오일, 강판, 거즈, 칼
활동 내용(방법, 과정)	

① 재료를 준비한다.

② 알로에를 적당한 크기로 자른 후, 껍질을 벗긴다.

③ 껍질을 벗긴 쪽의 알로에를 강판에 간다.

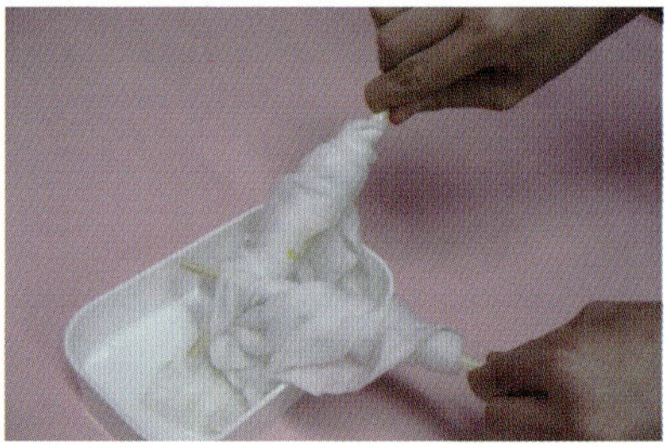

④ 강판에 남겨진 알로에를 거즈로 짜내 즙을 낸다.

⑤ 알로에 즙과 로션을 혼합하는 동안 원하는 아로마 에센셜 오일을 몇 방울 첨가한다.

⑥ 완성된 알로에 로션을 빈 화장품 병에 담아 사용하도록 한다.

일반적인 기대 효과

신체적	인지적	심리사회적
· 미세 근육 발달	· 지식 습득 · 눈 · 손 협응력 향상 · 촉감각 자극	· 기대감 증가 · 표현력 증가 · 성취감 증가

일반적인 치료적 개입

신체적	인지적	심리사회적
· 알로에를 강판을 사용하여 액을 만들어낼 때, 세기를 조절하도록 하여 미세 근육 훈련을 하도록 한다.	· 알로에의 효능에 대해 생각해보고 전달하도록 한다. · 알로에의 액을 만들어보고, 손으로 만져봄으로써 촉감각을 자극한다.	· 알로에의 느낌에 대해 이야기하고, 알로에가 들어간 로션에 대해 이야기 나눔으로써 기대감과 표현력을 증가시킨다. · 완성한 알로에 로션을 선물할 대상에 대해 발표하도록 하여 성취감을 갖도록 한다.

방법 및 팁

- 로션 만들기에 적당한 로션으로는 향이 없는 제품이 좋다. 로션을 바로 사용하지 않을 때에는 냉장고에 보관하였다가 사용하도록 한다.
- 기초로션은 화장품점이나 인터넷을 통해 쉽게 구입할 수 있다.
- 알로에 로션 만들 때에 사용하는 알로에 베라(Aloe barbadensis)는 화원이나 인터넷을 통해 구입할 수 있다.
- 알로에 로션의 효능
  - 자외선에 자극 받은 피부를 진정시켜줄 수 있고, 여드름이나 모공을 개선하는 데 도움을 줄 수 있다.
  - 아로마 에센셜 오일의 효과
  - 페퍼민트: 피로회복, 감기, 해열, 두통, 소화불량, 이뇨, 편두통
  - 라벤더: 스트레스 해소, 불면증 해서, 항염, 항생
  - 로즈메리: 근육질환, 관절염, 여드름, 기억력, 두통, 피로감소, 감기, 축농증
  - 유칼립투스: 두통, 호흡기질환 강화, 기침, 살균, 해열
  - 레몬: 원기회복, 두통, 소화기 강화, 스트레스 해소

활동명	곡물 액자 만들기
활동 장소	실내
활동 시기	봄, 여름, 가을
집단 크기	10~15명
예상 소요 시간	40~50분
준비물	잡곡(콩, 팥, 옥수수 등), 액자, 글루건
활동 내용(방법, 과정)	

① 자신이 원하는 곡물을 선택하여 준비한다.

② 액자틀을 어떻게 장식할 것인지 구상한 후에 곡물로 장식한다.

③ 액자틀에 직접 글루건을 사용하여 붙인다.

④ 곡물을 붙일 때에 각 곡물의 이름을 기억하고, 모양을 관찰한다.

⑤ 액자 안에 넣고 싶은 사진을 넣어 간직하도록 한다.

⑥ 완성한 모습

일반적인 기대 효과

신체적	인지적	심리사회적
· 손의 기민성 향상 · 손끝집게(pinch) 운동 · 미세 근육 운동	· 눈 · 손 협응력 향상 · 장단기 기억 자극 · 집중력 증가	· 흥미 유발 · 성취감 증가

일반적인 치료적 개입

신체적	인지적	심리사회적
· 곡물을 손으로 집어 액자에 붙이는 작업을 통해 손의 기민성을 향상시키고 손끝 집게 운동을 유도한다. · 손가락 움직임이 유연하지 못한 대상자의 경우 입자가 큰 잡곡을 사용한다.	· 정해진 위치에 곡물을 붙이는 반복 작업을 통해 눈 · 손 협응력 훈련을 한다. · 곡물을 직접 재배해보거나 먹어본 경험을 생각해보도록 함으로써 장단기 기억을 자극한다. · 곡물의 이름을 맞추어보도록 하고, 곡물에 관한 기억에 대해 이야기해 보도록 유도한다. · 곡물을 액자에 붙이는 도중에는 자연스러운 집중이 이루어지도록 지시, 질문 등의 언어적 개입의 양을 조절한다.	· 일정한 시간 동안 '젓가락으로 곡물 빨리 옮기기' 놀이를 통해 활동에 흥미를 갖도록 유도한다. · 완성된 자신만의 곡물액자에 대해 자랑하는 시간을 갖도록 하여 성취감을 갖도록 한다.

방법 및 팁

- 액자 틀뿐만 아니라 액자 속에 들어가는 것을 곡물로 만들어 넣을 수도 있다.
- 가족 또는 친구의 얼굴을 만들어본다.
- 바다 속 모습이나 숲 속을 표현하도록 한다.

예)

활동명	솔방울 리스 만들기
활동 장소	실내
활동 시기	겨울
집단 크기	10~15명
예상 소요 시간	40~50분
준비물	리스 틀, 마른잎, 마른열매, 글루건, 글루 등

활동 내용(방법, 과정)

① 마른잎, 열매를 준비한다.

② 리스 틀에 솔잎을 간격을 두고 글루건으로 붙인다.

③ 마른 잎, 열매 등을 글루건으로 붙인다.

④ 나만의 특별한 리스가 완성된다.

일반적인 기대 효과

신체적	인지적	심리사회적
· 장악력 향상 · 손의 기민성 향상 · 손끝집게(pinch) 운동 · 미세 근육 운동	· 장단기 기억 자극 · 촉 · 후감각 자극 · 계절감 인지	· 흥미 유발 · 성취감 증가

일반적인 치료적 개입

신체적	인지적	심리사회적
· 리스 틀에 꽃철사를 이용하여 재료를 고정시키는 과정에서 손의 기민성과 장악력을 향상시킨다.	· 크리스마스 등 특별한 날에 리스를 만들어 본 경험을 기억하도록 함으로써 장단기 기억을 자극한다. · 솔잎과 솔방울, 도토리를 손으로 직접 만져보고, 향을 맡아 보도록 유도함으로써 촉 · 후감각을 자극한다. · 재료에 대한 기억을 이야기함으로써 계절감을 익히도록 한다.	· 리스를 만들어본 경험이 있는지에 대해 이야기하여 활동에 대한 흥미를 유발한다. · 대상자들의 작품마다 잘된 부분을 구체적으로 칭찬하여 모두가 성취감을 느낄 수 있도록 유도한다.

방법 및 팁

· 리스(wreath)는 불멸, 불변한 신의 사랑, 시작과 끝이 없는 영원성을 상징하며, welcome을 의미하는 리스를 문 앞이나 현관에 걸어두면, 행운, 복, 풍요가 깃든다고 한다.

· 리스로 테이블 장식이나 현관문 또는 벽면을 장식할 수 있고, 화환이나 크리스마스 장식용 등으로 사용할 수 있다.

예)

활동명	관엽식물 접시정원 만들기
활동 장소	실내
활동 시기	봄, 여름, 가을, 겨울
집단 크기	10~15명
예상 소요 시간	40~50분
준비물	관엽식물, 상토, 마사토, 용기, 장식물

활동 내용(방법, 과정)

① 원하는 관엽식물 3종류 이상 준비한다.

② 배수가 잘 되도록 화기에 마사토를 깔아준다.

③ 상토를 화기의 1/3 깔아준다.

④ 식물을 배치하여 놓고 빈 공간에 상토를 넣은 후 장식돌로 덮어주어 완성한다.

일반적인 기대 효과

신체적	인지적	심리사회적
· 손의 기민성 향상 · 미세 근육 운동	· 과거의 기억 회상 · 작업 수행력(청지각/시지각) · 촉각 · 온랭감각 자극 · 의사 결정력	· 자신감 향상 · 타인에 대한 인식 증대 · 성취감 증가

일반적인 치료적 개입

신체적	인지적	심리사회적
· 마사토, 배양토를 화기에 담거나 식물을 심는 과정에서 손가락을 많이 움직이도록 세부과정을 계획한다. · 모종삽이나 도구를 사용하기보다 손으로 직접 마사토, 배양토를 담거나 손 전체를 이용하여 흙을 만지게 함으로써 손의 움직임을 증가시킨다.	· 어린 시절 흙으로 했던 놀이를 생각하면서 과거의 기억을 자극한다. · 치료사의 지시에 따라 수행하도록 유도한다. · 마사토나 배양토를 손으로 직접 만지도록 함으로써 촉각 · 온랭감각을 자극한다. · 다양한 재료 중에 어떤 식물을 심을지, 어떤 장식품으로 장식할지 스스로 결정하도록 한다.	· 자신의 생각을 표현하고 발표하도록 하여 자신감을 향상시킨다. · 서로 도와가면서 작업을 수행하도록 함으로써 타인에 대한 인식을 증대시킨다. · 완성한 접시정원을 둘 장소나 선물할 대상에 대해 이야기하도록 함으로써 성취감을 증가시킨다.

방법 및 팁

· 접시정원이란? 접시처럼 얕고 구멍이 없는 작은 용기에 식물을 식재하여 작은 정원이나 풍경을 꾸미는 것을 의미한다.
· 식물 선택시에는 생육 습성이 비슷한 식물들을 선택하는 것이 바람직하다.
· 흙을 많이 사용할 수 없는 접시정원이나 수경재배에 숯이나 맥반석을 조금 깔아놓으면 정화작용을 한다.
· 접시정원은 특별한 용기가 아니어도 화분 받침이나 깊이가 약간 있는 그릇도 좋은 용기가 될 수 있으며 식탁이나 거실 탁자에도 간단하게 장식할 수 있다.
· 접시정원은 이동이 편리하여 연출하기에 좋으며 실내 습도 조절에도 좋다.
· 식물은 되도록 키가 작은 것이 좋으며 빨리 자라지 않는 식물이 관리하기 쉽다.
· 배수 구멍이 없어 지나친 관수는 뿌리가 썩는 원인이 되기 때문에 물은 너무 많이 주지 않도록 하고, 관수시에는 분무기를 이용하여 잎에 수분을 제공한다.
· 장식돌은 물을 줄 때 흙이 밖으로 흐르지 않게 하는 역할을 하기도 한다.
· 모형 곤충이나 새를 장식하여 접시정원에 재미를 더할 수 있다.

활동명	꽃케이크 만들기
활동 장소	실내
활동 시기	봄, 여름, 가을, 겨울
집단 크기	10~15명
예상 소요 시간	40~60분
준비물	케이크 빵, 생크림, 핸드 믹서기, 설탕, 후르츠, 식용꽃, 모양깍지, 비닐짤주머니, 케이크용 칼, 초, 수저

활동 내용(방법, 과정)

① 자신이 원하는 곡물을 선택하여 준비한다.

② 액자 틀을 어떻게 장식할 것인지 구상한 후에 곡물로 장식한다.

③ 액자 틀에 직접 글루건을 사용하여 붙인다.

④ 곡물을 붙일 때에 각 곡물의 이름을 기억하고, 모양을 관찰한다.

⑤ 액자 안에 넣고 싶은 사진을 넣어 간직하도록 한다.

⑥ 완성한 모습

일반적인 기대 효과

신체적	인지적	심리사회적
· 손의 기민성 향상 · 미세 근육 운동 · 장악력 향상	· 과거의 기억 회상 · 의사 결정력	· 기대감 증가 · 자신감 향상 · 성취감 증가

일반적인 치료적 개입

신체적	인지적	심리사회적
· 케이크 시트에 생크림을 바를 때, 골고루 펴질 수 있도록 지시하여 손의 기민성 및 미세 근육운동을 훈련시킨다. · 핸드 믹서기를 이용하여 생크림을 만드는 과정을 통하여 장악력을 향상시킨다.	· 케이크를 먹었던 경험에 대해 이야기함으로써 과거의 기억을 자극한다. · 케이크에 과일과 꽃을 이용하여 어떤 모양으로, 어떻게 배치할 것인지 고민하여 스스로 결정하도록 유도한다.	· 자신의 생각, 특히 기대감에 대해 표현하고 발표하도록 하여 자신감을 향상시킨다. · 감사나 축하의 마음을 표현하고 싶은 대상에 대해 이야기하고, 선물하도록 유도함으로써 성취감을 갖도록 한다.

방법 및 팁

· 자신과 가족 또는 의미 있는 사람들의 생일에 대해 이야기한다.
· 식용꽃뿐만 아니라 식용 허브로도 케이크를 장식하여 만들어본다.

예)

활동명	플랜터 박스 만들기
활동 장소	실내외
활동 시기	봄, 여름, 가을, 겨울
집단 크기	15~30명
예상 소요 시간	40~50분
준비물	목재, 망치, 못, 사포

활동 내용(방법, 과정)

① 방수 처리된 목재를 준비한다.

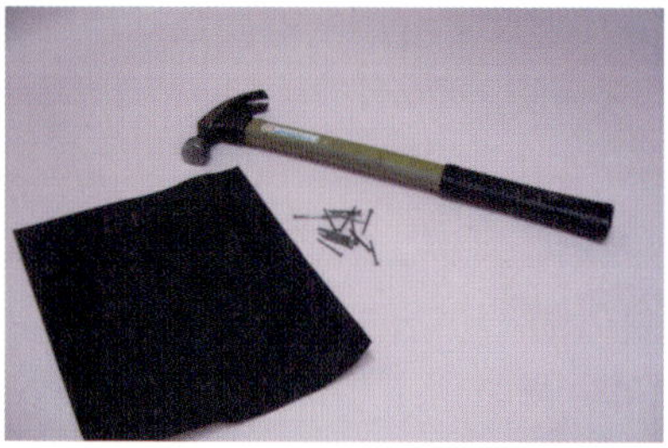

② 목재를 플랜터 박스로 만들 망치와 못, 사포를 준비한다.

③ 목재를 크기에 맞게 맞춘 후, 못을 박는다.

④ 나머지 부분도 못을 박아 플랜터 박스의 모양을 만든다.

⑤ 못질이 끝난 후, 목재의 거친 면을 사포로 부드럽게 해준다.

⑥ 완성된 모습

일반적인 기대 효과

신체적	인지적	심리사회적
· 손의 기민성 향상 · 대근육 및 소근육 운동	· 작업 수행력(청지각/시지각) · 촉각 자극	· 자신감 향상 · 타인에 대한 인식 증대 · 성취감 증가

일반적인 치료적 개입

신체적	인지적	심리사회적
· 직접 못을 박거나 사포질을 하게 함으로써 몸의 움직임을 증가시킨다.	· 치료사의 지시에 따라 수행하도록 유도한다. · 목재나 사포, 못과 같은 재료를 직접 만짐으로써 촉각을 자극한다.	· 자신의 생각을 표현하고 발표하도록 하여 자신감을 향상시킨다. · 서로 도와가면서 작업을 수행하도록 함으로써 타인에 대한 인식을 증대시킨다. · 완성한 플랜터 박스를 둘 장소나 선물할 대상에 대해 이야기하도록 함으로써 성취감을 증가시킨다.

방법 및 팁

· 플랜터 박스는 사용하는 공간에 따라 크기를 조정한다.
· 주로 실내 조경용, 텃밭용으로 사용하며 바닥에 배수판과 부직포 등을 설치하여 사용한다.
· 목재 외에도 코르크 등을 사용하여 만들 수 있다.

활동명	연못형 화단 설계 및 소재 선정, 만들기
활동 장소	실내
활동 시기	봄, 여름, 가을
집단 크기	15~30명
예상 소요 시간	50~60분
준비물	수생식물- 시페루스(Cyperus helferi), 물칸나(Thalia dealbata), 워터코인(Hydrocotyle umbellata), 무늬석창포(Acorus gramineus Ogon), 물배추(Pistia stratiotec), 생이가래(Salvinia natans), 물개구리밥(Azolla imbricata), 용기(수심 30cm), 하이드로볼, 모종삽, 장식용 나비

활동 내용(방법, 과정)

① 물에서도 생육이 가능한 식물을 선택하여 준비한다.

② 용기의 바닥에 맥반석을 깐다.

③ 식물을 어떻게 배치할지 구상해보아 바닥의 용토에 직접 식재할 식물을 적절한 위치에 배치한다.

④ 마사토를 씻은 후, 식물이 중심을 잡도록 식물 사이사이에 마사토를 넣는다.

⑤ 물을 채운 후, 부유식물을 수면에 띄운다.

⑥ 식물을 더욱 돋보이게 할 나비 등 장식품을 적절한 위치에 배치한다.

일반적인 기대 효과

신체적	인지적	심리사회적
· 손의 기민성 향상 · 미세 근육 운동	· 과거의 기억 회상 · 작업 수행력(청지각/시지각) · 촉각 · 온랭감각 자극 · 의사 결정력	· 자신감 향상 · 타인에 대한 인식 증대 · 성취감 증가

일반적인 치료적 개입

신체적	인지적	심리사회적
· 마사토, 배양토를 화기에 담거나 식물을 심는 과정에서 손가락을 많이 움직이도록 세부과정을 계획한다. · 모종삽이나 도구를 사용하기보다 손으로 직접 마사토, 배양토를 담거나 손 전체를 이용하여 흙을 만지게 함으로써 손의 움직임을 증가시킨다.	· 어린 시절 흙으로 했던 놀이를 생각하면서 과거의 기억을 자극한다. · 치료사의 지시에 따라 수행하도록 유도한다. · 마사토나 배양토, 물을 손으로 직접 만지도록 함으로써 촉각 · 온랭감각을 자극한다. · 다양한 재료 중에 어떤 식물을 심을지, 어떤 장식품으로 장식할지 스스로 결정하도록 한다.	· 자신의 생각을 표현하고 발표하도록 하여 자신감을 향상시킨다. · 서로 도와가면서 작업을 수행하도록 함으로써 타인에 대한 인식을 증대시킨다. · 완성한 연못형 화단을 둘 장소나 선물할 대상에 대해 이야기하도록 함으로써 성취감을 증가시킨다.

방법 및 팁

- 물이 증발하여 적어지면 물을 더 부어주어 수생식물이 잘 자랄 수 있도록 해준다.
- 햇빛이 많은 쪽에 배치해야 하고, 환기가 잘 되어야 식물이 더 잘 자란다.
- 여름엔 시각적 효과를 내주고, 겨울엔 습도 조절에 도움을 준다.
- 수생식물은 자연환경에서 물 오염 방지, 물속 동물들의 보금자리, 물속 산소공급, 영양분 전달 등의 역할을 한다.

활동명	사막형 화단 설계 및 소재 선정, 만들기
활동 장소	실내
활동 시기	봄, 여름, 가을, 겨울
집단 크기	10~15명
예상 소요 시간	50~60분
준비물	다육식물- 산세비에리아(Sansevieria stuckyi), 바위솔(Orostachys japonicus), 오팔리나(Graptoveria opalina), 옹옥(Mammillaria klissingiana), 십이지권(Haworthia fasciata), 모난데스 보라키카울론, 프미라, 기간 티아, 스프린스 올리버, 용기(60cm*30cm*15cm), 마사토, 배양토, 자갈, 옥돌, 색돌, 모종삽, 대야
활동 내용(방법, 과정)	

① 다육식물 중 원하는 식물을 선택하여 준비한다.

② 마사토를 용기의 바닥에 깐 후, 마사토와 배양토를 혼합하여 마사토 위에 덮는다.

③ 식물을 어떻게 배치할 것인지 구상하여보며, 앞쪽에 작은 식물을 뒷쪽에 좀 큰 식물을 배치한다.

④ 구상한 대로 식재하고, 식재할 때 너무 강하게 누르지 않도록 한다.

⑤ 사막의 느낌을 내기 위하여 마사토로 표면을 덮어준 후, 자갈, 색돌, 옥돌 등을 이용하여 장식한다.

⑥ 완성된 모습

일반적인 기대 효과

신체적	인지적	심리사회적
· 손의 기민성 향상 · 미세 근육 운동	· 과거의 기억 회상 · 작업 수행력(청지각/시지각) · 촉각 · 온랭감각 자극 · 의사 결정력	· 자신감 향상 · 타인에 대한 인식 증대 · 성취감 증가

일반적인 치료적 개입

신체적	인지적	심리사회적
· 마사토, 배양토를 화기에 담거나 식물을 심는 과정에서 손가락을 많이 움직이도록 세부과정을 계획한다. · 모종삽이나 도구를 사용하기보다 손으로 직접 마사토, 배양토를 담거나 손 전체를 이용하여 흙을 만지게 함으로써 손의 움직임을 증가시킨다.	· 어린 시절 흙으로 했던 놀이를 생각하면서 과거의 기억을 자극한다. · 치료사의 지시에 따라 수행하도록 유도한다. · 마사토나 배양토, 돌을 손으로 직접 만지도록 함으로써 촉각 · 온랭감각을 자극한다. · 다양한 재료 중에 어떤 식물을 심을지, 어떤 장식품으로 장식할지 스스로 결정하도록 한다.	· 자신의 생각을 표현하고 발표하도록 하여 자신감을 향상시킨다. · 서로 도와가면서 작업을 수행하도록 함으로써 타인에 대한 인식을 증대시킨다. · 완성한 사막형 화단을 둘 장소나 선물할 대상에 대해 이야기하도록 함으로써 성취감을 증가시킨다.

방법 및 팁

- 다육식물은 다른 식물에 비해 관리하기 쉬우나 습하고 더운 장마철에는 뿌리가 썩지 않게 관리해줘야 한다.
- 화분에 막대를 꽂아보아 흙이 묻어나오지 않을 경우, 큰 화분은 10~15일에, 작은 화분은 5일에 한 번 정도 물이 흘러내려가게 흠뻑 주어 관리한다.

활동명	실내정원 설계 및 구성 요소 계획, 만들기
활동 장소	실내
활동 시기	봄, 여름, 가을
집단 크기	10~15명
예상 소요 시간	60분 이상
준비물	배수판, 부직포, 식물, 마사토, 배양토, 펄라이트, 모종삽

활동 내용(방법, 과정)

① 실내정원을 조성할 크기에 맞게 배수판을 바닥에 설치한다.

② 토양이 배수판으로 빠지지 않도록 거름망 역할을 하는 부직포로 배수판을 덮어준다.

③ 배수토양인 굵은 펄라이트를 먼저 채운다.

④ 배양토를 넣어 섞은 후에 큰 교목부터 구상한 위치에 식재한다.

⑤ 다른 식물들도 구상한 위치에 식재한 후, 마사토로 덮는다.

⑥ 완성된 모습

일반적인 기대 효과

신체적	인지적	심리사회적
· 손의 기민성 향상 · 대근육 및 미세 근육 운동	· 과거의 기억 회상 · 작업 수행력(청지각/시지각) · 촉각 · 온랭감각 자극 · 의사 결정력	· 자신감 향상 · 타인에 대한 인식 증대 · 성취감 증가

일반적인 치료적 개입

신체적	인지적	심리사회적
· 마사토, 배양토를 화기에 담거나 식물을 심는 과정에서 손가락을 많이 움직이도록 세부과정을 계획한다. · 모종삽이나 도구를 사용하기보다 손으로 직접 마사토, 배양토를 담거나 손 전체를 이용하여 흙을 만지게 함으로써 손의 움직임을 증가시킨다. · 배수판이나 부직포를 설치함으로써 대근육들을 적절히 이용하게 한다.	· 어린 시절 흙으로 했던 놀이를 생각하면서 과거의 기억을 자극한다. · 치료사의 지시에 따라 수행하도록 유도한다. · 마사토나 배양토를 손으로 직접 만지도록 함으로써 촉각 · 온랭감각을 자극한다. · 다양한 재료 중에 어떤 식물을 심을지 스스로 결정하도록 한다.	· 자신의 생각을 표현하고 발표하도록 하여 자신감을 향상시킨다. · 서로 도와가면서 작업을 수행하도록 함으로써 타인에 대한 인식을 증대시킨다. · 완성한 실내정원을 후에 어떻게 관리할 것인지를 상상해봄으로써 작업에 대한 성취감을 증가시킨다.

방법 및 팁

· 식물 각각의 특성을 파악하여 잘 관리해 준다.
· 실내 특성상 건조하고 환기가 잘 안될 수 있기 때문에 건조에 약한 식물은 되도록 피한다.
· 식물의 잎의 끝이 말라 있으면 잘라주어 관리하고, 잎 위에 먼지가 쌓이면 닦아준다.
· 실내 공간별 적합한 식물과 식물 특성별 배치 장소는 다음의 첨부 자료를 활용한다.

(1) 실내 공간별 적합한 식물

1) 거실

아라우카리아, 벤자민 고무나무, 파키라, 떡갈잎 고무나무, 행운목, 야자류, 소철, 아레카 야자, 피닉스 야자, 대나무 야자, 인도 고무나무, 보스톤고사리, 드라세나, 산호수

2) 발코니

팔손이나무, 분화국화, 시클라멘, 꽃베고니아, 허브류

3) 안방

드라세나 갓세피아나, 아이비, 시서스, 홍콩야자, 동양란, 아잘레아, 양파, 튤립, 고구마, 뿌리식물, 테라리움

4) 어린이방

구근류, 페페로미아, 카랑코에, 행운목, 사이프러스, 아디안텀, 조란, 달개비

5) 공부방

음이온을 방출하면서 기억력 향상에 도움을 주는 로즈메리 등 허브류나 팔손이나무, 필로덴드론, 파키라

6) 창가

시클라멘, 아프리카 바이올렛, 아이비, 아디안텀, 카랑코에, 아잘레아, 구근류, 제라늄, 페튜니아, 한련화

7) 침실

밤에 탄소동화작용이 활발한 호접란이나 선인장 등 잎이 두꺼운 다육식물

8) 주방

스킨답서스, 파키라, 아라우카리아, 벤자민고무나무, 야자류, 허브류

9) 현관

드라세나, 콩팩타, 마란타, 아글라오네마, 아디안텀, 벤자민, 스파트필름

10) 화장실

암모니아와 같은 냄새물질을 제거하는 효과가 있는 관음죽, 스파트필름, 안스리움, 맥문동, 테이블 야자

(2) 식물 특성별 배치 장소

특성	배치장소	식물
호습성	분수, 연못, 벽천 등의 물 주변	아디안텀, 보스톤, 싱고니움, 안스리움, 마란타, 파초일엽, 칼라데아
음지성	계단이나 구조물의 그늘 지역	마란타, 칼라데아, 스킨답서스, 드라세나, 스파트필름
양지성	광 유입이 많은 장소, 창가	꽃피는 식물, 잎 색이 다채로운 식물, 크로톤, 야자류, 스파트필름
고온성	난방시설 주변	코코넛야자, 아크메아
저온성	창이나 현관 주변, 외부환경과 접촉이 잦은 곳	인도 고무나무, 헤데라, 관음죽, 코르딜리네
토양 수분 요구도가 높은 식물	경사 아래쪽	페페로미아, 싱고니움, 칼라디움, 아디안텀
수분 요구도가 낮은 식물	사람 근접이 어려운 장소	산세베리아, 호야, 베고니아, 구즈마니아, 메크메아
줄기, 잎이 물에 닿으면 썩는 식물	물가 식재는 피함	베고니아, 글록시니아, 아프리칸 바이올렛
생장속도가 빠른 식물	넓고 높은 공간	고무나무, 드라세나
넝쿨성 식물	벽면이나 높은 곳	헤데라, 시서스, 스킨답서스, 필로덴드론, 싱고니움

활동명	허브 정원 설계 및 구성 요소 계획, 만들기
활동 장소	실외
활동 시기	봄, 여름
집단 크기	10~15명
예상 소요 시간	50~60분
준비물	다양한 허브식물, 장식돌, 장식품 등

활동 내용(방법, 과정)

〈장소: 제주도 허브동산〉

〈장소: 팜카밀레 허브농원〉

일반적인 기대 효과

신체적	인지적	심리사회적
· 손의 기민성 향상 · 미세 근육 운동	· 과거의 기억 회상 · 작업 수행력(청지각/시지각) · 촉각 · 온랭감각 자극 · 의사 결정력	· 자신감 향상 · 타인에 대한 인식 증대 · 성취감 증가

일반적인 치료적 개입

신체적	인지적	심리사회적
· 마사토, 배양토를 화기에 담거나 허브를 심는 과정에서 손가락을 많이 움직이도록 세부과정을 계획한다. · 모종삽이나 도구를 사용하기보다 손으로 직접 마사토, 배양토를 담거나 손 전체를 이용하여 흙을 만지게 함으로써 손의 움직임을 증가시킨다.	· 어린 시절 흙으로 했던 놀이를 생각하면서 과거의 기억을 자극한다. · 치료사의 지시에 따라 수행하도록 유도한다. · 마사토나 배양토를 손으로 직접 만지도록 함으로써 촉각 · 온랭감각을 자극한다. · 허브의 향기를 맡게 하여 후각을 자극한다. · 다양한 재료 중에 어떤 식물을 심을지 스스로 결정하도록 한다.	· 자신의 생각을 표현하고 발표하도록 하여 자신감을 향상시킨다. · 서로 도와가면서 작업을 수행하도록 함으로써 타인에 대한 인식을 증대시킨다. · 완성한 허브 정원을 후에 어떻게 관리할 것인지를 상상해봄으로써 작업에 대한 성취감을 증가시킨다.

방법 및 팁

- 흙의 표면이 마르면 물을 주어 허브가 시들지 않게 한다.
- 허브 중에는 햇빛에 약한 허브도 있기 때문에 무조건적으로 햇빛이 잘 드는 곳에 두지 않는다.
- 허브는 식용, 약용으로도 사용된다.
- 허브에 대한 이해와 활용은 다음 페이지 첨부 자료를 활용한다.

(1) 허브의 이해와 활용

1) 허브의 정의

허브(herb)란 말은 녹색의 풀을 나타내는 라틴어의 'herba'에서 유래했다. 현재는 '요리나 약으로 이용되고, 방향의 기능으로 인간의 생활에 도움이 되는 향기 나는 풀'로 그 범위가 축소되었다.

2) 허브의 이용

• 식용 허브

허브를 처음 기르거나 심을 자리가 넓지 않다면 식용 허브부터 시작하는 것이 좋다. 집에서 기르는 식용 허브의 장점은 아무 때나 요리의 특별한 향을 돋워 즐겁게 식사할 수 있다는 것이다. 식용으로 이용되는 허브로는 딜(dill), 로즈메리(rosemary), 민트(mint), 바질(basil, Ocimum basilicum), 실란트로 또는 코리앤더(cilantro or coriander), 오레가노(oregano), 챠빌(chervil), 차이브(chives), 타임(thyme), 파슬리(parsley) 등이 있다.

• 향 위주의 허브

향이 좋은 허브들은 잎이나 꽃을 채취하여 바로 또는 건조한 후에 욕조에 넣기도 하고, 포푸리나 베갯속 등의 재료로 사용된다. 정유를 추출해 향수, 향비누, 향초 등을 만드는 재료로도 사용된다. 독특한 향이 이용되는 허브로는 라벤더(꽃향기), 레몬밤(lemon balm, 레몬 향), 레몬버베나(lemon verbena, 상쾌한 레몬 향) 등이 있다.

• 차의 재료가 되는 허브

많은 사람이 허브차를 즐기는 이유는 무엇보다도 그윽한 향기가 목을 적시며 마음을 진정시켜 주는 효과 때문이다. 건조한 잎이나 바로 따온 잎에 뜨거운 물을 부어 적당히 맛이 우러나오도록 수 분간 두었다 따라 마시면 된다. 차로 이용되는 허브로는 레몬밤, 레몬버베나, 레몬타임(lemon thyme), 로즈 힙(rose hip), 로즈메리, 재스민(jasmine), 박하류(mints), 베르가모트(bee balm, bergamot), 세이지(sage), 안젤리카(angelica, 서양당귀), 캐모마일(chamomile), 케트닙(catnip), 향제라늄(scented geraniums) 등이 있다.

• 약용 허브

허브는 전통적으로 민간 요법의 약재로서 감기나 두통, 소화불량 등을 치유하기 위해 가정에서 간단히 허브차로 많이 애용된다. 특별한 약효를 발휘하는 자연 식품 내지는 의약품으로 생산된다. 자주 이용되는 약용 허브로는 금잔화(calendula), 레몬밤, 바질, 세이지, 캐모마일, 펜넬(fennel), 피버퓨(feverfew) 등이 있다.

• 미용 재료가 되는 허브

- 목용용으로 사용되는 허브: 레이디스맨틀, 마리골드, 야로, 캐모마일, 컴프리, 제라늄, 레몬그래스, 라벤더, 장미
- 머리 손질용으로 사용되는 허브
- 건성 모발: 컴브리, 세이지, 파슬리
- 지성 모발: 마리골드, 호스테일, 레몬밤, 라벤더, 민트, 야로, 레몬그래스
- 비듬이 있는 모발: 캐모마일, 파슬리, 로즈메리, 타임
- 피부 손질용으로 사용되는 허브
- 클렌징용: 댄더라이언(서양민들레), 장미, 야로, 로즈메리, 라벤더, 타임, 컴프리, 챠빌, 캐모마일, 민트, 세이지
- 토닉용: 야로, 레이디스맨틀, 세이지, 레몬그래스, 라벤더, 파슬리, 펜넬, 로즈메리
- 미백용: 엘더플라워, 라임플라워, 캐모마일, 레몬밤

3) 여러 가지 허브의 효능

이름	사진	재배 조건	이 용			
			부위	식용	건강 및 미용 효과	기타
고수		양지 / 거름지고 물 빠짐이 좋은 흙	잎, 꽃, 종자, 뿌리	샐러드, 식초, 육류, 야채, 달걀, 치즈, 콩	식욕 증진, 소화불량 치료	향, 포푸리
딜		양지 / 거름지고 물 빠짐이 좋은 흙/서늘한 곳	잎, 꽃, 종자	샐러드, 수프, 치즈, 달걀, 육류, 야채, 식초, 피클, 소스	소화불량, 입냄새, 불면증, 기침, 이뇨제	장식소품, 부케
바질		한해살이 / 양지 / 수분이 있고 거름진 흙	잎, 꽃	샐러드, 수프, 야채, 달걀, 치즈, 육류, 생선, 과일, 감자	두통, 고열, 감기, 소화불량, 메스꺼움, 스트레스, 변비	파리 퇴치, 포푸리
라벤더		강한 햇빛/물 빠짐이 좋은 흙 / 대부분 월동 불가 / 폭염과 습기에 약함	잎, 꽃	과자와 케이크, 차	긴장, 두통, 입냄새, 불면증, 피부 손질, 헤어린스	장식소품, 포푸리, 방향제
레몬밤		여러해살이 / 양지 내지 반그늘 / 건조에 약함	잎, 꽃	차, 와인, 생선, 과일샐러드, 버터, 식초	불안, 가벼운 우울증, 두통, 불면증, 소화불량, 메스꺼움	포푸리, 가구광택제, 벌 유인
로즈메리		강한 햇빛 / 거름지고 물 빠짐이 좋은 흙	잎, 꽃	육류, 야채, 달걀, 치즈, 빵, 버터	소화불량, 기억력 · 집중력 저하, 목통증, 근육 · 관절통, 화상, 피부관리, 헤어린스	포푸리, 향균 · 소독액

이름	사진	재배 조건	이 용			
			부위	식용	건강 및 미용 효과	기타
민트		짧은 일조시간 / 수분이 많은 흙 / 월동 가능 / 생명력이 왕성해 다른 식물을 침범	잎, 꽃	야채, 과일, 소스, 젤리, 시럽, 식초, 차	소화불량, 감기 · 독감, 딸꾹질, 불면증, 건위제, 기억력 · 집중력 저하	부케, 포푸리, 생쥐와 곤충 퇴치
세이지		강한 햇빛 / 고온 / 물 빠짐이 좋은 흙 / 겨울을 나기 어려움	잎, 꽃	야채, 과일, 소스, 젤리, 시럽, 식초, 차	소화불량, 설사, 스트레스, 기침, 폐경기, 피부관리, 목 아픈 데	소품, 곤충 퇴치제, 방향제, 향균 세척제
차이브		양지/습하고 기름지나 물 빠짐이 좋은 흙 / 여러해살이	잎, 꽃	샐러드, 야채, 닭고기, 생선, 달걀, 치즈, 수프, 식초, 버터	식용 증진, 소화불량	관상용, 소품, 부케, 병해충 방제
캐모마일		어디서나 비교적 잘 자람 / 저온에 약함	꽃	샐러드, 야채, 닭고기, 생선, 달걀, 치즈, 수프, 식초, 버터	소화불량, 메스꺼움, 불면증, 비듬, 피부세정	관상용, 절화보존액, 포푸리, 입고병 방제, 식물 생육 촉진
타임		강한 햇빛 / 고온성으로 건조에 잘 견딤	잎, 꽃	샐러드, 스튜, 수프, 소스, 육류, 달걀, 야채, 치즈, 식초	소화불량, 코막힘, 피부관리, 불면증, 비듬, 목 아픈 데, 상처	관상용, 포푸리, 곤충 퇴치제
펜넬		비료기가 많은 흙 / 빛에 대한 적응도가 높은 편	잎, 꽃, 종자	샐러드, 수프, 육류, 생선, 야채, 달걀, 치즈, 버터, 식초, 차	소화불량, 식욕억제제, 피부관리, 목 아픈 데, 갱년기 증상	부케

활동명	채소 정원 설계 및 구성 요소 계획, 만들기
활동 장소	실외
활동 시기	봄, 여름, 가을
집단 크기	10~15명
예상 소요 시간	50~60분
준비물	채소종가, 채소모종, 지주대,라벨 등

활동 내용(방법, 과정)

〈 장소: 세계꽃식물원 〉

〈 장소: 천안 성정복지관 〉

일반적인 기대 효과

신체적	인지적	심리사회적
· 손의 기민성 향상 · 미세 근육 운동	· 과거의 기억 회상 · 작업 수행력(청지각/시지각) · 촉각 · 온랭감각 자극 · 의사 결정력	· 자신감 향상 · 타인에 대한 인식 증대 · 성취감 증가

일반적인 치료적 개입

신체적	인지적	심리사회적
· 마사토, 배양토를 화기에 담거나 채소를 심는 과정에서 손가락을 많이 움직이도록 세부과정을 계획한다. · 모종삽이나 도구를 사용하기보다 손으로 직접 마사토, 배양토를 담거나 손 전체를 이용하여 흙을 만지게 함으로써 손의 움직임을 증가시킨다.	· 어린 시절 흙으로 했던 놀이를 생각하면서 과거의 기억을 자극한다. · 치료사의 지시에 따라 수행하도록 유도한다. · 마사토나 배양토를 손으로 직접 만지도록 함으로써 촉각 · 온랭감각을 자극한다. · 다양한 재료 중에 어떤 채소를 심을지 스스로 결정하도록 한다.	· 자신의 생각을 표현하고 발표하도록 하여 자신감을 향상시킨다. · 서로 도와가면서 작업을 수행하도록 함으로써 타인에 대한 인식을 증대시킨다. · 완성한 채소 정원을 후에 어떻게 관리할 것인지를 상상해봄으로써 작업에 대한 성취감을 증가시킨다.

방법 및 팁

- 물을 꾸준히 주고 햇빛이 잘 드는 곳에 둔다.
- 진딧물의 피해를 입었을 경우 난황유를 분사하여주고 샤워하는 느낌으로 물을 뿌려준다.
- 채소는 식용으로 이용되며 각 계절에 맞게 채소를 선택하여 재배한다.
- 채소에 대한 이해와 활용은 다음 페이지 첨부 자료를 활용한다.

(1) 채소의 이해와 활용

1) 식생활에서의 채소의 기능

• **비타민 공급**
- 비타민 A : 당근, 시금치, 부추
- 비타민 B : 완두콩 등의 콩류 및 감자
- 비타민 C : 일반 잎채소와 고추, 피망 등에 다량 함유

• **무기질 공급** : 채소는 칼륨, 칼슘, 마그네슘, 나트륨 등과 같은 사람의 영양에 필수적인 무기질의 공급원이다.

• **식물 섬유질** : 식물의 섬유질은 장내 운동을 촉진하여 원활한 소화 작용을 돕는다. 양배추, 시금치, 쑥갓, 상추와 같은 잎채소에 섬유질이 많이 함유되어 있다.

• **체질의 산성화 방지** : 곡류와 육류 중심의 식단에서는 사람의 체질이 산성화되기 쉬워 각족 질병에 걸릴 위험이 높으나, 대부분의 채소는 알칼리성 식품이므로 체질이 산성화되는 것을 막을 수 있다.

(2) 채소 가꾸기의 의의

채소는 풍부한 섬유질과 비타민의 공급원으로 우리의 식생활에 없어서는 안 될 중요한 식품이므로, 자신이 직접 가꾸어보면 생산자들의 노고와 먹거리의 의미를 체험할 수 있는 좋은 기회가 될 수 있다. 꽃 가꾸기는 '아름다운 꽃'이라는 다소 추상적인 결과물을 얻을 수 있는 것에 반해, 채소 가꾸기는 그 결과물을 참가자들이 몸으로 직접 느끼고, 섭취할 수도 있으므로 더욱 흥미를 유발할 수 있다.

(3) 가꾸기에 적합한 채소

무엇보다 가꾸기 쉬워야 하며, 병 · 해충이 적은 채소로 비료에 대한 적응 폭이

넓고, 어린 모종을 쉽게 이용할 수 있는 채소가 적합하다.

(4) 채소 가꾸기에 적당한 장소

학교에서는 비교적 빛을 적게 받아도 잘 자라는 잎채소나 일부 열매채소가 가꾸기에 적합하다. 대부분의 열매채소는 빛을 충분히 받아야 충실한 과실이 열리므로 옥상이나 햇빛이 잘 드는 화단 등에서 가꾸는 것이 적당하다. 실내에서 기를 경우에는 베란다나 남, 서향의 창 근처가 좋다. 열매채소는 양분을 많이 필요로 하므로 가능하면 퇴비를 충분히 준 흙에서 가꾸는 것이 가장 바람직하다.

(5) 채소의 종류

1) 잎줄기 채소

· 잎채소(엽채류): 배추, 갓, 청경채, 상추, 쑥갓, 셀러리, 미나리, 파슬리, 부추
· 비늘줄기채소(인경채류): 마늘, 양파, 파, 달래
· 꽃채소(화채류): 꽃양배추, 식용 국화
· 순채소: 아스파라거스, 두릅, 죽순

2) 뿌리채소

· 직근류: 무, 순무, 당근, 우엉, 도라지, 더덕
· 괴경 및 구경: 감자, 토란
· 괴근 및 기타: 고구마, 생강, 연근

3) 열매채소

· 과실: 고추, 토마토, 가지, 호박, 오이, 수박, 참외, 멜론, 박, 강낭콩, 완두
· 꽃받침 및 기타: 딸기, 단옥수수

활동명	실외정원 설계 및 구성 요소 계획, 만들기
활동 장소	실외
활동 시기	봄, 여름, 가을
집단 크기	10~15명
예상 소요 시간	60분 내외
준비물	계절별 식물, 벽돌, 장식용품 등
활동 내용(방법, 과정)	

〈장소: 대구역〉

〈장소: 서울시 양천구 목동 소재 주상복합 아파트〉

〈장소: 경기도 안양시 동안구 평촌동 소재 사우나〉

일반적인 기대 효과

신체적	인지적	심리사회적
· 손의 기민성 향상 · 미세 근육 운동	· 과거의 기억 회상 · 작업 수행력(청지각/시지각) · 촉각 · 온랭감각 자극 · 의사 결정력	· 자신감 향상 · 타인에 대한 인식 증대 · 성취감 증가

일반적인 치료적 개입

신체적	인지적	심리사회적
· 마사토, 배양토를 화기에 담거나 식물을 심는 과정에서 손가락을 많이 움직이도록 세부과정을 계획한다. · 모종삽이나 도구를 사용하기보다 손으로 직접 마사토, 배양토를 담거나 손 전체를 이용하여 흙을 만지게 함으로써 손의 움직임을 증가시킨다.	· 어린 시절 흙으로 했던 놀이를 생각하면서 과거의 기억을 자극한다. · 치료사의 지시에 따라 수행하도록 유도한다. · 마사토나 배양토를 손으로 직접 만지도록 함으로써 촉각 · 온랭감각을 자극한다. · 다양한 재료 중에 어떤 식물을 심을지, 어떤 장식품으로 장식할지 스스로 결정하도록 한다.	· 자신의 생각을 표현하고 발표하도록 하여 자신감을 향상시킨다. · 서로 도와가면서 작업을 수행하도록 함으로써 타인에 대한 인식을 증대시킨다. · 완성한 실외 정원을 후에 어떻게 관리할 것인지를 상상해봄으로써 작업에 대한 성취감을 증가시킨다.

방법 및 팁

- 실외에서는 식물을 일일이 관리하기가 어렵기 때문에 수시로 EM발효액 등을 뿌려주어 사전에 진딧물과 같은 해충의 피해를 최소화한다.
- 실외 정원의 잔디는 많이 자랐을 경우 짧게 잘라주어 식물이 자라는 것을 도와주는 미생물들이 살아갈 공간을 제공한다.
- 식물 하나하나 관리하는 것도 중요하나 정원의 전체적인 조화에 신경 써 관리하도록 한다.

3. 느끼기(감상)

정원 산책, 차 마시기, 체험학습, 견학 등

번호	활 동 명	페이지
1	봄 식물원 및 수목원 견학하기	242
2	가을 식물원 및 수목원 견학하기	244
3	허브 농원 및 식물원 견학하기	246

활동명	봄 식물원 및 수목원 견학하기
활동 장소	실외
활동 시기	봄, 여름, 가을
집단 크기	10~15명
예상 소요 시간	1~2시간
준비물	간편한 옷차림, 식물도감, 카메라, 노트, 색연필 등

활동 내용(방법, 과정)

① 한택식물원 (http://www.hantaek.co.kr)

- 위치: 경기도 용인시 처인구 백암면 옥산리 465번지
- 소개: 20만 평의 규모와 9,000여 종의 식물, 식물 연구와 다양한 교육 프로그램으로 세계 속의 식물원으로 커가고자 하고, 동원(East Garden) 과 서원(West Garden)으로 구성되어 있으며 동원은 7만 평, 35개의 테마 정원으로 구성되어 있다.

② 아산세계꽃식물원 (http://www.asangarden.com)

- 위치: 충남 아산시 도고면 봉농리 576
- 소개: 세계의 다양한 꽃들로 일 년 내내 20여 가지 테마의 꽃축제를 여는 테마식물원이다. 동백축제, 튤립축제, 베고니아축제, 백합축제, 다알리아축제 등 국내에 소개되지 않은 세계 각국의 아름다운 꽃들을 테마로 매달 새롭게 선보이며, 누구나 꽃 체험을 할 수 있는 실내 식물원이다.

③ 물향기수목원 (http://mulhyanggi.gg.go.kr)

- 위치: 경기도 오산시 수청동 332-4
- 소개: 수목원이 조성된 지역은 예로부터 맑은 물이 흐르는 곳이라는 수청동으로 약 10만 평의 부지에 '물과 나무와 인간의 만남'이라는 주제로 물을 좋아하는 식물과 관련된 습지생태원, 수생식물원, 호습성식물원 등의 주제원과 한국의 소나무원, 단풍나무원, 유실수원, 중부지역자생원 등 다양한 19개의 주제원과 1만 6,000여 종류의 식물로 조성되어 있다.

일반적인 기대 효과

신체적	인지적	심리사회적
· 활동 정도의 증가 · 체력 향상	· 계절감 인식 · 관찰력 향상 · 오감 자극	· 여가 활용력 증가

일반적인 치료적 개입

신체적	인지적	심리사회적
· 실외 활동으로, 이동하면서 관찰을 통해 활동력을 증가시키고, 움직이는 신체 활동 시간을 제공하여 체력을 향상하도록 한다. · 장시간 이동이 불편한 대상자의 경우 짧은 경로를 선택하여 이동하도록 한다.	· 계절감을 느낄 수 있는 식물원 및 수목원 견학을 통해 자연 생태계를 인식하고, 환경 속에서 생명체의 존재를 확인한다. · 계절별로 피어나는 꽃들을 자세히 관찰해보고, 꽃의 구조와 차이점 등을 인식하도록 한다. · 식물 관찰을 통한 시각자극, 새, 바람 소리 등에 귀를 기울이게 하여 청각 자극, 식물과 나무, 흙 등을 만져보게 하여 촉각 자극, 식물의 향을 맡아보도록 하여 후각 자극, 먹을 수 있는 열매나 잎을 먹어봄으로써 미각 자극을 하는 등 오감을 경험하도록 유도한다. · 다양한 꽃을 찾아보고, 생김새를 자세히 적거나 꽃잎, 꽃받침, 암술, 수술의 수를 세어보고, 꽃잎의 형태와 색도 그려본다.	· 실외 활동으로 자연을 느낌으로써 여가의 시간을 보내거나 가족들과 함께 여가시간을 보낼 수 있도록 유도한다.

방법 및 팁

- 식물 채집이 가능한 경우, 채집하여 식물도감을 만들어본다.
- 지역별 식물원 및 수목원 정보를 알 수 있는 홈페이지
  : 한국식물원수목원협회 (http://www.kabga.or.kr)

활동명	가을 식물원 및 수목원 견학하기
활동 장소	실외
활동 시기	봄, 여름, 가을
집단 크기	15~30명
예상 소요 시간	1~2시간
준비물	간편한 옷차림, 식물도감, 카메라, 노트, 색연필 등

활동 내용(방법, 과정)

① 가야산 야생화 식물원 (http://www.gayasan.go.kr/index.jsp)

- 위치: 경북 성주군 수륜면 백운리 1282-16
- 소개: 성주군에서 조성한 국내 유일의 군립식물원으로 야생화를 주제로 하는 전문 식물원이다. 총 580여 종의 나무와 야생화를 식재하여 야생화 자원 보전과 자연 학습, 학술 연구 발전 및 가야산 자생 식물의 보호에 기여하기 위한 야생화 문화 공간이다.

② 국립산림과학원 홍릉수목원 (http://tree.kfri.go.kr/hong_reung/)

- 위치: 서울특별시 동대문구 회기로 57
- 소개: 홍릉수목원은 국립산림과학원 부속 전문 수목원으로, 국내・외의 다양한 식물 유전자원을 체계적으로 수집・관리하여, 기초 식물 학문 분야 발전은 물론, 식물 유전자원 확보를 위해 조성한 시험 연구림으로 총 157과 2,035 종(목본 1,224종 : 국내종 836 종, 국외종 388종 / 초본 811 종)의 식물 20여만 개체를 전시하고 있다.

③ 아침고요수목원 (http://www.morningcalm.co.kr/)

- 위치: 경기도 가평군 상면 행현리 산 255
- 소개: 축령산 자락에 위치한 아침고요수목원은 축령산에 자생하고 있는 식물자원뿐만 아니라 자체적으로 증식, 보존하고 있는 희귀 멸종 식물 및 도입 식물을 포함하여 총 4,000여 종의 식물을 보유하고 있다. 이 중에서 야생화정원 및 무궁화동산에는 우리나라에서 자생하는 야생화 1,000여 종이 분포하고 있으며, 5월 말과 6월 초에 가장 아름다운 아이리스 정원에는 국내에서 가장 많은 품종인 독일계 아이리스 1,000여 종이 피어난다. 또한, 약 10만 평의 부지에 고향집 정원, 분재정원, 에덴정원, 석정원, 약속의정원, 하경정원 등 총 20개의 테마정원으로 이루어져 있다.

일반적인 기대 효과

신체적	인지적	심리사회적
· 활동 정도의 증가 · 체력 향상	· 계절감 인식 · 관찰력 향상 · 오감 자극	· 여가 활용력 증가

일반적인 치료적 개입

신체적	인지적	심리사회적
· 실외 활동으로, 이동하면서 관찰을 통해 활동력을 증가시키고, 움직이는 신체 활동 시간을 제공하여 체력을 향상하도록 한다. · 장시간 이동이 불편한 대상자의 경우 짧은 경로를 선택하여 이동하도록 한다.	· 계절감을 느낄 수 있는 식물원 및 수목원 견학을 통해 자연 생태계를 인식하고, 환경 속에서 생명체의 존재를 확인한다. · 계절별로 피어나는 꽃들을 자세히 관찰해보고, 꽃의 구조와 차이점 등을 인식하도록 한다. · 식물 관찰을 통한 시각자극, 새, 바람 소리 등에 귀를 기울이게 하여 청각 자극, 식물과 나무, 흙 등을 만져보게 하여 촉각 자극, 식물의 향을 맡아보도록 하여 후각 자극, 먹을 수 있는 열매나 잎을 먹어봄으로써 미각 자극을 하는 등 오감을 경험하도록 유도한다. · 다양한 꽃을 찾아보고, 생김새를 자세히 적거나 꽃잎, 꽃받침, 암술, 수술의 수를 세어보고, 꽃잎의 형태와 색도 그려본다.	· 실외 활동으로 자연을 느낌으로써 여가의 시간을 보내거나 가족들과 함께 여가시간을 보낼 수 있도록 유도한다.

방법 및 팁

· 식물 채집이 가능한 경우, 채집하여 식물도감을 만들어본다.
· 지역별 식물원 및 수목원 정보를 알 수 있는 홈페이지
  : 한국식물원수목원협회 (http://www.kabga.or.kr)

활동명	**허브 농원 및 식물원 견학하기**
활동 장소	실외
활동 시기	봄, 여름, 가을
집단 크기	10~15명
예상 소요 시간	1~2시간
준비물	간편한 옷차림, 식물도감, 카메라, 노트, 색연필 등

활동 내용(방법, 과정)

① 허브나라농원 (http://herbnara.com/main.html)

- 위치: 강원도 평창군 봉평면 흥정리 303번지
- 소개: 허브나라에서는 1000여 종 이상의 허브가 재배되고 있으며, 요리정원, 향기정원, 공예정원, 약용정원, 차정원 등 다양한 용도와 셰익스피어, 모네, 어린이 정원 등 재미있는 테마별 허브정원을 가꾸고 있음.

② 팜카밀레 허브농원 (http://www.kamille.co.kr)

- 위치: 충남 태안군 남면 몽산리 977번지 가든민허브라영농조합법인
- 소개: 팜 카밀레는 샵과 온실 위주의 기존의 허브농장과는 차별화된 전략, 즉 허브농원이 추구하고자 하는 관상적 가치뿐만 아니라, 원예적 가치, 생활적 가치를 방문자에게 전달하고자 함. 캐모마일가든, 로즈가든, 칼라가든, 보태니컬가든, 와일드가든, 라벤다가든, 토피어리가든의 7개의 테마가든과 팜카밀레에서만 맛 볼 수 있는 허브빵, 허브로 만든 식사를 할 수 있다.

※ '일반적인 기대 효과 · 일반적인 치료적 개입 · 방법 및 팁'은 「봄 식물원 및 수목원 견학하기」 참조

4. 꽃시장 견학 및 재료 구입하기

활동명	꽃시장 견학 및 재료 구입하기
활동 장소	실외
활동 시기	봄, 여름, 가을, 겨울
집단 크기	10~15명
예상 소요 시간	1~2시간
준비물	간편한 옷차림, 카메라, 노트
활동 내용(방법, 과정)	

① 서울 양재동 화훼공판장

- 위치 : 양재역에서 성남 방면으로 차로 5분 거리에 위치함
- 교통편 : 3호선 양재역 7번 출구에서 마을버스 또는 일반버스로 환승
- 취급품목 : 분화, 화환, 생화, 원예자재, 수족관 등 400여 점포가 입점
  화요일과 금요일에 관엽류 경매가 있어 화분 물량이 많음
- 개장시간 : 생화 매장은 오전 3시~오후 3시, 그 외는 오전 7시~오후 7시, 일요일은 휴무
- 특징 : 2만여 평의 크기로 화훼단지 중 가장 큰 규모를 자랑하고 있으며, 유일한 법정도매 시장으로 절화 및 분화류를 경매를 통해 상인들이 판매하여 품질면에서는 보증이 되어 있다. 도매, 소매 취급하며 일반보다 20~30% 저렴하다.
- 연락처 : 홈페이지 www.yfmc.co.kr ☎ (02)579・8100

② 남서울 화훼공판장

- 위치 : 경기 과천시 주암동에 위치함
- 교통편 : 버스 (경기도)안양11번, 11・3, 11・6, (서울)5524
- 취급품목 : 관엽류와 난, 초화류 등 화분 상품이 주종을 이루며, 약 170여 점포가 입점
- 개장시간 : 오전 9시~오후 6시, 일요일은 휴무
- 특징 : 소매보다는 도매를 위주로 하는 시장이며, 화기 등을 주로 소매로 판매함
- 연락처 : ☎ (02)502・6835

③ 구파발 화훼단지

- 위치 : 서울 구파발역에서 북한산 쪽으로 창릉천 다리를 끼고 좌회전
- 교통편 : 지하철3호선 구파발역, 버스 704, 156번 구종점역 하차, 하차 후 개천길로 30m 정도 다리를 끼고 좌회전

- 취급품목 : 농장을 겸하고 있는 250여 점포가 분화, 난, 분재 등을 판매함
  분화나 난, 분재 등을 판매하는 곳에서 200m 내려가면, 절화를 판매하는 곳이 있음
- 개장시간 : 오전 7시~오후 9시, 연중 무휴
- 특징 : 서울 강북에서 가장 큰 꽃시장이며, 구입 뒤에 생기는 병충해 등 사후 관리를 해주는 장점이 있음
- 연락처 : ☎ (02)356・0663

④ 진양 꽃 상가 예술화원
- 위치 : 대한극장 맞은편에 위치함
- 교통편 : 지하철 3, 4호선 충무로역 9번 출구 진양상가 3층
- 취급품목 : 꽃바구니 화환 등을 주문 제작해주는 가게들이 많으며 가격대는 그날그날의 물량이나 수요, 심지어 시간대에 따라서도 차이가 있음
- 개장시간 : 오전 7시~오후 7시, 휴일은 점포마다 다름
- 특징 : 소매와 도매 사이에는 거의 가격차가 없으며, 작은 화분은 최소 1천 원대부터 10만 원대까지 다양함
  월, 수, 금요일에 싱싱한 꽃들이 많이 들어오므로 그때 가면 좋은 꽃을 저렴하게 살 수 있고 주차가 가능함
- 연락처 : ☎ (02)2266・8950

⑤ 서서울 화훼유통
- 위치 : 경기 광명시 노온사동, 제2경인고속도로 광명나들목 앞에 위치함
- 교통편 : 전철 7호선 광명역 4번 출구 안산방향, 안양방향 버스
  용산역, 영등포역에서 광명시방향으로 광명역 경유하는 버스
- 취급품목 : 150여 점포로 이뤄져 있고 조화, 생화, 관엽류, 수족관, 원예자재 등 골고루 취급함
- 개장시간 : 오전 7시~오후 10시, 일요일은 휴무
- 특징 : 다양한 자재와 식물에 관련된 종합적인 재료를 판매하고 있음
- 연락처 : ☎ (02)2614・9004

⑥ 강남터미널 꽃 도매상가
- 위치 : 서울 서초구 경부선터미널 3층과 3호선 고속버스터미널 지하철역 중앙통로에 있는 지하상가에 위치함
- 교통편 : 지하철 7, 3호선 고속버스터미널역
- 취급품목 : 경부선에는 화분보다는 꽃다발, 꽃꽂이에 쓰는 절화를 주로 판매하며, 고속버스터미널역 지하상가에는 절화류를 포함한 관엽식물과 함께 조화, 인테리어 소품들이 다양하게 갖추어짐

- 개장시간 : 오전 7시~오후 10시
- 특징 : 월 · 수 · 금요일에 꽃이 새로이 들어와 싱싱한 것을 살 수 있음
- 연락처 : 경부선 ☎(02)535 · 2118, 지하상가 ☎(02)535 · 4799

⑦ 남대문 꽃도매상가(대도 상가)

- 위치 : 남대문시장 대도상가 E동 3~4층에 위치함
- 교통편 : 지하철 4호선 회현역 5번 출구 직진
- 취급품목 : 130여 개의 생화, 조화, 분재 점포가 있음
- 개장시간 : 생화는 오전 3시~오후 3시, 조화는 오전 4시~오후 5시, 일요일은 휴무
- 특징 : 대도상가 D동에 그릇 파는 곳이 있어 화기를 함께 구입할 수 있음
- 연락처 : 생화 ☎(02)777 · 1709, 조화 ☎(02)755 · 9513

⑧ 종로5가 종묘상가

- 위치 : 종로5가 동대문방면에 위치함
- 교통편 : 지하철1호선 종로5가역에서 9번 출구
- 취급품목 : 노점에서는 주로 분화류, 묘목, 양란 등 조경수 등을 판매하고 있고, 상점은 종묘상가로 갖가지 씨앗, 채소 모종, 초화류 등이 있으며, 전지가위, 분무기, 비료, 농약 등을 위주로 판매함
- 개장시간 : 오전 9시~오후 7시
- 특징 : 농약, 비료, 종묘를 주로 판매하는 곳임
- 연락처 : ☎(02) 2275 · 9122, 2274 · 5486

⑨ 상일동 화훼단지

- 위치 : 길동 사거리에서 하남방면으로 상일 IC 1km 전부터 대로변에 위치함
- 교통편 : 버스노선112, 13, 15 · 3, 16, 30 · 1
- 취급품목 : 농장을 겸하고 있는 점포들이 분화, 절화, 난 등의 상품들부터 원예 자재상가 등이 있음
- 개장시간 : 오전 9시~오후 9시
- 특징 : 임협이 생산한 나무의 상설직거래 판매장이 있음

참고 문헌

강문희 (2005) 원예요법을 적용한 간호중재프로그램이 알츠하이머병 치매노인의 인지, 정서, 의사소통 및 문제행동에 미치는 효과. 충남대학교 대학원 박사학위논문.

강혜영 (2004) 원예활동프로그램이 아동의 공격성에 미치는 효과. 제주대학교 교육대학원 석사학위논문.

고순실, 남윤숙, 박양숙, 이경근, 이애경, 이상미 (2008) 한국식물 인간학회 구두발표:11(2).

권경인 (2001) 집단 상담 활동의 유형화 연구. 서울대학교 대학원 박사학위 논문.

권중돈 (2008) 노인복지론. 서울: 학지사.

김루비 (2007) 홀리스틱 원예치료가 문제 청소년의 스트레스와 집중력에 미치는 영향. 대구가톨릭대학교 석사 학위 논문.

김순옥 (2006) 원예치료가 쉼터거주 가정폭력피해여성들의 사회적, 정서적 기능 향상에 미치는 영향. 경남대학교행정대학원 석사학위논문.

김영희 (2006) 원예치료프로그램이 시설노인의 사회생활 적응에 미치는 영향. 상주대학교 산업대학원 석사학위논문.

김지현 (2007) 사회적 기술을 적용한 원예치료가 성인여성 정신지체인의 대인 관계와 사회성 향상에 미치는 효과. 건국대학교농축대학원 석사학위논문.

김진숙 (1999) 집단상담의 과정과 기법. 한국 집단 상담학회 연차대회 자료집.

김창대, 김춘경, 최웅용 (2005) 상호작용중심의 집단상담. 서울: 시그마프레스.

김태현 (2004) 원예치료를 적용한 재가노인 역량강화프로그램의 효과성 연구. 숭실대학교 대학원 석사학위논문.

김효원 (2005) 원예치료 프로그램이 입원한 정신질환자의 증상과 혈중 Serotonin 농도에 미치는 효과. 단국대학교 대학원 석사학위논문.

나경미 (2005) 원예치료 수업이 대한학교 학생의 상태 특성 불안 감소와 자아 존중감 향상에 미치는 영향. 건국대학교 농축대학원 석사학위논문.

남명희 (2006) 원예치료가 정신과 주간병동 만성 정신분열증 환자의 자존감 및 자기개념에 미치는 영향. 서울시립대학교 산업대학원 석사학위논문.

남정현 (2008) 집단미술치료의 치료요인 척도개발. 경성대학교 대학원 박사학위논문.

류정자 (2001) 집단 미술치료가 노인의 학습된 무기력에 미치는 효과. 경성대학교대학원 박사학위논문.

박소영 (1999) 정신과 음악치료에 나타난 Yalom의 집단 치료적 요인. 숙명 여자대학교 대학원 석사학위논문.

서정근, 이상미 (2004) 원예치료 과정의 적용과 실제. 서울: 단국대학교 출판부.

서정근, 이종석, 곽병화, 곽혜란, 이애경 (2000) 원예치료학. 서울: 단국대학교 출판부.

손기철, 조문경, 송종은, 김수연, 이손선 (2007) 전문적 원예 치료의 실제. 서울: 쿠북.

안혜선 (2004) 사회적 강화를 이용한 원예치료가 자폐성 장애 학생의 문제행동 감소에 미치는 영향. 건국대학교석사학위논문.

옥금자 (2006) 집단미술치료방법론 I 이론과 기법. 서울: 하나 의학사.

옥금자 (2007) 집단미술치료방법론1.서울: 하나 의학사.

왕계숙 (2005) 원예치료가 노인의 자아통합감에 미치는 영향. 부산 대학교대학원 석사학위논문.

유진희 (2005) 원예치료 활동이 생활 시설 정신지체 여성의 적응 행동에 미치는 효과. 가톨릭 대학교 사회복지 대학원 석사학위논문.

윤관현, 이장호, 최송미 (2006) 집단 상담 원리와 실제, 서울: 법문사.

윤성철, 이후경 (1997) 집단정신치료와 사이코드라마. 신경정신의학. 36.

이경숙 (2006) 원예치료가 만성정신분열증환자의 자가 간호수행과 대인관 계 및 사회성에 미치는 영향. 충남대학교대학원 석사학위논문.

이광자 (2005) 의사소통과 간호. 신광출판사.

이상미 (2006) 대상자별 원예치료의 효과와 수익접근법적 경제가치 분석. 단국대학교대학원 박사학위논문.

이선자 (2007) 화훼장식기능훈련을 이용한 원예치료가 정신지체인의 작업수행능력 향상 및 직업재활에 미치는 영향. 건국대학교대학원 석사학위논문.

이순옥 (2004) 원예치료가 어머니 -자녀 간 의사소통에 미치는 영향. 건국대학교대학원 석사학위논문.

이영자 (1996) 스트레스, 사회적지지, 자아존중감과 우울 및 불안과의 관계. 서울여자대학교대학원 박사학위논문.

이영진 (2008) 원예활동이 청각장애인의 자존감 및 심리, 사회성에 미치는 영향. 서울 시립대학교 산업대학원 석사학위논문.

이정희 (2004) 원예치료활동이 정신진체학생의 적응기술에 미치는 효과. 대구교육대학교 교육대학원 석사학위논문.

이지혜, 김혜지, 이상미, 이애경, 서정근 (2009) 원예치료에서 치료 및 재활영역 논문의 원예 활동 분석. 한국 인간식물 환경 학회지12(3).

이현림, 김순미, 천미숙 (2007) 집단 상담의 이론과 실제 .서울: 양서원.

인명신 (2006) 원예활동이 취학 전 유아의 창의성 발달에 미치는 영향 대구 가톨릭대학교 대학원 석사학위논문.

장선덕 (2007) 원예치료프로그램이 만성 정신 분열증 환자의 증상완화에 미치는 영향. 경상대학교대학원 박사학위논문.

전병재 (1974) 자아 개념 측정 가능성에 과한 연구. 연세논총, 11(1). 연세대학교 대학원.

전소연 (2007) 장기요양시설에서 원예치료가 치매 노인의 정서와 소근육에 미치는 영향. 원광대학교 동서보완의학대학원 석사학위논문.

전종국 (1997) 집단 상담과정에서 대인관계 태도와 자기검색 수준이 성장촉진 요인에 미치는 효과. 계명대학교 대학원 박사학위논문.

정수찬 (2006) 색채를 활용한 원예치료프로그램이 노인의 생활만족도에 미치는 영향. 단국대학교일반대학원 석사학위논문.

정인과, 곽동일, 신동균, 이민수, 이현수, 김진영 (1997) 노인우울척도의 신뢰도, 타당도 연구. 신경정신의학 36(1).

조남희 (2005) 원예치료가 저소득층 아동의 자아존중감과 사회성 향상에 미치는 영향. 건국대학교 농축대학원 석사학위논문.

조문경 (2008) 긍정적 심리학을 적용한 원예치료가 문제아동의 창의성 발달에 미치는 영향. 건국대학교대학원 박사학위논문.

조현춘, 조현재, 이희백, 천성문 Corey, Gerald, (2000) 집단 심리상담의 이론과 실제. 서울: 시그마프레스.

주은연 (2008) 긍정적 심리학을 적용한 원예치료가 문제아동의 창의성 발달에 미치는 영향. 대구가톨릭 대학교대학원 박사학위논문.

최규식 (2006) 원예치료가 치매노인의 우울증과 일상생활 수행능력에 미치는 효과에 관한 연구. 성산효도 대학원대학교 석사학위논문.

최선남 등 (2007) 집단미술치료. 서울: 학지사.

최영애 (2003) 원예치료. 서울: 학지사.

최영애 (2007) 실행에서 찾아낸 원예치료의 평행적 주제들 - 대학생들의 강낭콩 기르기를 통해서. 한국식물 인간환경학회지:10(4).

최영애 (2008) 원예치료실행에서 식물양육에 대한 이론적 모델 - 나선모델과 애착이론에 기반 하여. 단국대학교대학원 박사학위논문.

하복순 (2007) 압화를 이용한 원예치료가 청소년의 애퍼시와 집중력에 미치는 영향. 원광대학교 동서보완의학대학원 석사학위논문.

하봉선 (2006) 원예요법이 중학교 학습부진아의 적응행동 및 정서적 안정에 미치는 영향. 동아대학교교육대학원 석사학위논문.

한경희 (2004) 짝 지워 수행한 치료적 원예활동이 치매노인의 대인관계 의사소통에 미치는 영향 단국대학교 대학원 석사학위논문.

한경희, 이상미, 서정근 (2008) 문헌고찰을 중심으로 한 집단원예치료 모델의 개념적 틀. 한국식물 인간학회 11(4).

한경희, 이상미, 서정근 (2009) 원예치료 연구논문의 집단운영 유형 분석. 한국식물인간학회지:12권1호.

현정선 (2004) 원예치료가 장애인 공동생활 가정에 거주하는 성인 정신지체 장애인의 자아존중감 및 사회성에 미치는 영향. 건국대학교농축 대학원 석사학위논문.

황두하 (2006) 원예치료가 정신지체학생의 사회성에 미치는 효과. 대구대학교 교육대학원 석사학위논문.

AHTA (2004) http://www.ahta.org/information/frq.html.

AHTA (2006) http://www.ahta.org/information/frq.html.

Bellak, L., and L. Small. (1965) Emergency psychotherapy and brief psychotherapy. New York: Grune and Stratton.

Blcoh, S., J. Reibstein, E. Crouch, P. Holroyd and J. Themen. (1979) A method for the study of therapeutic factors in group psychotherapy. British Journal of Psychiatry, 134.

Bloch & Crouch. (1985) Therapeutic factors in Group Psychotherapy. Oxford: Oford University Press; Yalom, 1975.

Blumberg H., Hare, P., Kent, V., & Davies, M (eds) (1983) Small Groups and Social Interaction, New York: Wiley. ; Kellerman, 1981.

Bonner, H. (1959) Group Dynamics: Principles and Applications, New York: Ronald Press.

Corey (1995) Theory and practice of group counseling(4th ed.). CA:Brooks/Cole Publishing Company.

Corsini, R., and B. Rosenberg. (1955) Mechanisim of Group Psychotherapy: Process and Dynamics. Journal of Abnomal And Social Psychology, 51.

Dion,K. (2000) Group cohesion: From "field of forces" to multidimensional construct. Group Dynamics, 4.

Exline, R. V. (1957) Group climate as a factor in the relevance and accuracy of social perception, Jourmal of Abnormal and Social Psychology 55; Gdisrosuaross, 1954.

Festinger, L. (1950) Informal social communication, Psychological Review 57.

Festnger, L., Schacher, S., & Back, K. (1950) Social Pressures in Informal Groups. New Your: Harper & Row.

French, J.R. P. (1941) The disruption and cohesion of groups, Journal of Abnormal and Social Psychology 36; Lewin, (1952)

Fretinger, S chacher & Back, 1950; Lewin,1951) Social pressures in informal groups. New York: Harper.

Fuhriman A., and G.M. Burligame. (1990) Consistency of Matter: A comparative analysis of individual and group process variables. The Counselibg Psychologits, 18(1).

Gabaldo, Maria. M., Maryellen D. King, and Eugene A. Rothert. (2003) Health through horticulture a guide for using the outdoor garden for therapeutic outcomes. Illinois: Chicago botanic garden.

Goodacre, D. M. (1951) The use of a sociometric test as a predictor of combat unit effectiveness. Sociometry 14.

Haller and Kramer, Haller and Kramer edt. (2006) Horticultural therapy method. NY: The Haworth Press.

Hansen, J. C. , Warven , R.W., & Smith, E. J. (1980) Group Counseling:Theory and

Process(2nd ed.). chiacgo, IL: Rand McNally College Publishing.

Hare, A. P. (1976) Handbook of small group research (2nd ed.). New York; free Press.

Harris, J., and C. Joseph. (1973) Murals of the mind: Image of a psychiatric community. New York: International Universities Press.

J. M. levine,J.M., & Moreland, R.L.(1995) Group processes. In A Tesser(Ed.),Advanced social psychology. New York: Mcgraw-Hill.

Jacobson, G. F. (1965) Crisis theory and treatment strategy: Some sociocultural and psychodynamic considerations. The Journal of Nervous and Mental Disease, 141.

Kaplan, S. (1973) Cognitive maps in perception and thought. Image and environment, Chicago, IL: Aldine.

Karus. N. (1977) Life stress, social, support and self - esteem an elderly population, Psychology and Aging, 2(4).

Kivlighan, D. M. Jr., Multon, K. D. & Brossart D. F. (1997) Helpful impacts in group counseling of multidimensional rating system. Journal of Counseling Psychology, 43.

Knowles, E.S., & Bricker, M.A.(1981) Social cohesion effects on spatial cohesion. Personality and Social Psychology Bulletin, 7.

Landau, J. M. (1991) Patient perceptions of therapeutic factors in outpatient psychotherapy groups. Doctoral Dissertation, University of Toronto.

Lewin(1935) Principles of to pological psychology. NewYork: McGraw-Hill.

Lewin, K(1943, 1948, 1951) Forces behind food habits and methods of change. Bulletin of the National Research Council, 108.

Lewin, K. (1948) Resolving Social Conflicts, New York: Harper & Bros. (1952).

Liebmann, M. (1986) Art therapy for groups, London: Crom Helm.

Lifton, Walter M., Wiley. (1972) Groups: facilitating individual growth and societal change.

Matsuo, E., Miyajima, I. (1998) Up -to - trend of horticulture therapy in Japan. Korean Society for Plants, People and Environment. 1.

Mattson (1982) Holistic health in perspective:Palo Alto, Calif. : Mayfield Pub. Co.

Mcgrath,J. E. (1984) Groups: Interaction and performance. Upper Saddle River, NJ: Prentice Hall.

Pepitone , A. & Reichling, G. (1955) Group cohesiveness and the expression of hostility. Human Relations 8.

Ra, S.H. (2001) Effect of the Horticultural activities in leisure on the changes of depression, life satisfaction and small muscles of old woman. MS Diss., Konkuk Univ., Seoul.

Relf, D. (1992) Human Issues in horticulture. Hort Technology 2(2).

Relf, D. (2006) Historical perspective of theoretical models for research and program development in horticultural therapy. IHC 구두발표, IHC 2006 Abstracts-27th International Horticultural Congress & Exhibition: 390.

Robert Freed Bales. (1958,1999) Social interaction systems: Theory and measurement. New Brunswick, NJ: Transaction.

Rosenberg, M. (1965) Society and the adolescent Self - image. Princeton. NT: Princeton Univ. Press.

Schachter , S., Ellertson, N., McBride, D., & Gregory, D. (1951) An experimental study of cohesiveness and productivity, Human Relations 4.

Simmel, G.(1902) The number of members as deternining the sociological form of the group. American Journal of Sociology,8.

Simson, S. P., and M. Straus. (1998) Horticulture as therapy: Principles and practice. New York: The food products press.

Son, K.C. (2004) Horticultural wellbeing. Joongang life Publicing Co., Seoul.

Trombly, Catherine. (1983) Occupational Tehrapy for Physical Dysfunction. Baltimore, MD: Williams & Wilkins, 5.

Unruh, A. M (2004) The Meaning of gardening in daily life: a comparison between gardeners with serious health problems and healthy participants. Acta Hort. 639.

Versluys, H.P.(1983) Psychosocial Adjustment to Physical Disability. In Catherine Trombly(ed.), Occupational Therapy for Physical Dysfunction. Baltimore, MD: Wilkins & Wilkins, 12.

Williams. (1990) Evaluation of the horticulture therapy program; the role of horticulture in human well-being and social development. Virginia: A national symposium, arlington.

Yalom, I. D. (1975) The theory and practice of group psychotherapy(1st ed.). New York:

Basic Books.

Yalom, I. D. (1985) The theory and practice of group psychotherapy(2nd ed.). New York: Basic Books.

Yalom, I. D. (1995) The theory and practice of group psychotherapy(3rd ed.). New York: Basic Books.

Davis, S. 1994 Ninth annual congressional initiatives award ceremonies. April 19, Senate Russell Office Building, Washington, DC.

한경희

한국방송통신대학 농학과를 졸업하고 단국대학교 대학원 원예치료학과에서 석사학위를 단국대학교 대학원 보건학과에서 박사학위를 받았으며, 현재 단국대학교 평생교육원 원예치료사 양성 과정 주임교수로 활용도 높은 원예치료 프로그램을 다양하게 개발하여 원예치료 현장에 적극 보급하고 있다.

원예치료의 이론과 실제

2015년 8월 31일 초　판 발행
2020년 3월 20일 증보판 발행

지은이 _ 한경희
펴낸이 _ 김수복
기　획 _ 김남필
제　작 _ 성두현
편　집 _ 김민배
펴낸곳 _ 노스보스
등　록 _ 1968.2.27 : No. 제03-00095호
주　소 _ 경기도 용인시 수지구 죽전로 152
전　화 _ 031-8005-2405
팩　스 _ 031-8021-7154

값 16,000원

ISBN 978-89-7092-739-8 03520